智元微库
**OPEN MIND**

成 长 也 是 一 种 美 好

# 学习敏锐度

## 7步实现复利式成长

瑞米 著

LEARNING AGILITY

人民邮电出版社

北京

**图书在版编目（ＣＩＰ）数据**

学习敏锐度：7步实现复利式成长 / 瑞米著. -- 北
京 ：人民邮电出版社，2022.1（2024.2重印）
ISBN 978-7-115-57668-2

Ⅰ．①学… Ⅱ．①瑞… Ⅲ．①成功心理－通俗读物
Ⅳ．①B848.4-49

中国版本图书馆CIP数据核字(2021)第210871号

◆　　　著　　瑞　米
　　　责任编辑　陈素然
　　　责任印制　周昇亮
◆人民邮电出版社出版发行　　　北京市丰台区成寿寺路 11 号
　邮编 100164　电子邮件 315@ptpress.com.cn
　网址 https://www.ptpress.com.cn
　涿州市京南印刷厂印刷
◆开本：720×960　1/16
　印张：16.5　　　　　　　　　2022 年 1 月第 1 版
　字数：200 千字　　　　　　　2024 年 2 月河北第 3 次印刷

定　价：69.80 元
读者服务热线：（010）81055522　印装质量热线：（010）81055316
反盗版热线：（010）81055315
广告经营许可证：京东市监广登字 20170147号

# 想拥有丰盛的人生，你需要提升学习敏锐度

　　拿到瑞米的这本书，我想到的第一个问题是，为什么需要提高学习敏锐度？

　　人的一生本质上只有两件事：知和行。而学习，就是连接知和行的桥梁。对我来说，人生的目的是活得更丰盛、更鲜活，拥有更多难忘的体验，并且在这个过程中不断成长。要拥有这样的人生，学习是最可靠的路径。学习的本质是用新的信息修正既往的认知，让认知的边界不断扩大，准确性不断提高。通过学习，了解新知；通过学习，获得技能；通过学习，总结经验，修正行为，达到更高的认知水平。这个过程呈螺旋上升，循环往复，永不停歇。

　　人生的方方面面都需要学习。瑞米在书里写到的求学、工作方面自不必说，我们想在健康、兴趣、亲密关系、财务方面有好的结果，也都需要学习。以我自己为例，过去几年，我有了两个女儿，和她们的相处让我深深地感受到，想做好一个父亲，有太多需要学习的事。这一过程中付出的时间、精力，遇到的挑战，远比读一个学位大得多。于是我也认认真真地在当爸爸方面做起了"小学生"：看书、听课、参加工作坊、遇到问题请

教老师、迷惑时停下来反思和总结。在这个过程中，我收获了幸福、愉快的亲子关系，也获得了极大的成长。你想，世界上有这么多父母，在成为父母前，我们大多数人都没有接受过培训，也没有考过某个证书，证明自己可以成为一个合格的父亲或母亲。但这类在人生中如此重要的问题，难道不需要学习吗？当我们因亲子关系或子女的学习问题而绞尽脑汁、痛苦不堪时，我们难道不应该反思，要做好父母这个角色，自己是否准备好了，是否学习了呢？

人生处处要学习，但所谓"人生有涯而知无涯"，要学的内容这么多，什么时候才能学完？我们又怎样才能做到？

这也是为什么我要推荐瑞米的这本书。

人的学习能力有高有低，应该如何提高自己的学习能力？提高学习敏锐度是一套系统的有效方法！

瑞米把学习敏锐度分成了七大部分：自我认知敏锐度、心智敏锐度、人际敏锐度、目标敏锐度、变革敏锐度、结果敏锐度和幸福敏锐度。首先，你需要有自我察觉的能力，知道自己有缺点。其次，你要能分解需求，把大问题拆解成小问题，找到关键点，进行突破。再次，你需要对人际关系保持敏感，通过团队形成正向反馈；还需要有清晰的目标感，用结果检验行动，复盘路径。然后，你还需要有钢铁般的意志，面对困难和变革时坚定向前走，用愿景和承诺引领行动，而不是顾虑和评判。最后，你还需要知道如何感受幸福。

难能可贵的是，瑞米就是这样成长的一个人。虽然毕业于北京大学，但在成长过程中，她和大多数年轻人一样，经历了迷惘、焦虑和自我否定。但她能走出来，我从她身上看到的可行方法是，永远追求理想的人生状态，并且一直采取行动靠近这种状态。虽然在过程中有高低起伏，但只要有愿景和承诺，又能不断行动，即使过程曲折，也能到达目的地。在本书中，瑞米用自己的经历和体验，生动有趣地展示了这个历程。这本书不枯燥、很有趣，我一口气就读完了。

　　我希望有更多的人能看到这本书，主动提升学习敏锐度，创造成长的闭环，拥有丰盛的人生。

张遇升　杏树林创始人

## 心有明月，脚底生风；愿我高兴，愿你喜欢

大多数人终其一生不过证明了自己是个普通人。你我都不例外。

但是我们内心也许有一点不甘心，也许，我们可以比普通人做得好那么一点点，至少，比过去的自己好那么一点点。

此刻是北京的秋日清晨，我坐在窗前，看着窗外的天空泛起鱼肚白，想着为什么我一定要写这本书？我内心的渴望是什么？我抑制不住的动力是什么？我预期的收获又是什么？

我无意"显示"些什么，也无意"教诲"谁。我写这本书的初衷，只是想分享那些成长的痛与爽，那些纠缠的对与错，那些无价的心思与体验，还有那些可能出现的"挫折"与宝贵的"锦囊"。似乎只有将其表达出来，我心中才痛快。

后来写书和复盘的过程，给我带来了二次成长。出版社的老师说，瑞米从既往经历中抽丝剥茧整理出的这些文字，还算"有点东西"，这更加坚定了我写下去的信念。

如果这些"东西"恰巧能帮到未来某一天看到这本书的你，那我就会感觉自己更加幸运了，仿佛此刻的我与未来的你被这本书连接起来了。

我写得高兴，你看得喜欢，这是何等的幸福与充实，夫复何求。

我的成长历程可谓"表面光鲜，内在坎坷"。最初，我在知乎上发文章，得到很多小伙伴的共鸣，也因此得到出版社老师的注意。如果你感兴趣，可以直接翻到本书第七章，那里有我上学及初入职场时痛苦懵懂的思考与摸索。

而此后，每当看到有人如我当年一样困惑，我总是希望可以停留一下，和他聊点什么。因为对话的过程不仅会帮到他，也能让我不断地"好那么一点点"。人所有的改变都是在关系和交流中发生的，对话和读书，都是交流。

心理学家和脑科学家们已经非常清晰地了解到，人类在终身学习和大脑发展方面比我们想象中更有潜力。虽然每个人都有自己独一无二、与生俱来的天赋，也可能在小时候展现出不一样的气质与才能，但很明确的是，个人经历、能力培养和个人努力最终会对一个人的人生产生非常重大的影响。人类真正的潜能是未知的。这就是"成长型思维"。

在成长型思维者眼里，人生就像一条看不到尽头的河，没有终点，看问题的方法和行事方式决定了河流的走向。你要学会利用自己以及"过来人"的经验和教训，利用环境，利用杠杆。你的好奇心，你持续不断的学习能力，你不断拓宽自身认知和行动半径带来的体验，你不断适应环境同时不断改变环境的过程，都在推动你走向更深刻也更广阔的未来。

《论语》里孔子教"如何知人"，讲"视其所以，观其所由，察其所安"，也就是看动机，看方法，看心态。这不仅是"知人"的过程，其实"自知"也是这个过程。你要看自己做事的动机、做事的方法和做事的心态，举个例子，你可以关注以下几个问题。

怎么在很大的压力下保持对学习和成长的浓厚兴趣？

怎么在短时间内掌握大量技能？

怎么做到即使遇到挫折和逆境也能保持平稳、积极的心态？

这些都是值得我们用一生去自问和追求答案的问题。

如果现在的你和你想要的生活离得还很远，那你不妨停下来，思考这几个问题。

翻开这本书，也许你能找到些许启发。

德鲁克说：所谓战略，不是研究我们未来做什么，而是，今天做了什么，才可能有未来？

对学习敏锐度的意识和刻意练习，将是你通往未来的路径。

总之，生活的路很长，吃不了奋斗的苦，就得吃生活的苦。

愿你我都能用力生活，用心体验，在人生的河流中乘风破浪，体验风景无限。

心有明月，脚底生风。

瑞米

2021 年秋写于北京家中

# 前言
PREFACE

## 学习敏锐度
## 是一系列"智能化"的能力

学习敏锐度，是指一个人从经验中学习的愿望和能力，以及最终将学到的东西成功地应用于新的、陌生的环境的能力。如果具备学习敏锐度，一个人就能将自己所具备的知识、智慧及经验转化为新情境或不断变化的环境下的绩效，也就是成长的潜力。学习敏锐度代表成长的加速度，代表一个人迭代的能力。

学习敏锐度主要是衡量潜力、适应性和发展性的指标，而不是衡量智力的指标。如果具备学习敏锐度，一个人就能将自己所具备的知识、智慧、经验转化为新情境或者不断变化的环境下的绩效，也就是潜力。因此，学习敏锐度高的人在进入新环境、面对变化时，或者在得到提升、转到新的有挑战的岗位时，比起其他人更容易成功。具有良好的学习敏锐度的人善于在职场中积累可迁移的技能和经验，能触类旁通、举一反三。这些人既能从过去的经验中迅速总结出对未来发展有价值的规律和解决方案，又能不拘泥于既有经验，不断地根据新环境、新变化调整自身的思维模式和解决问题的思路，从而实现"持续积累"的复利式个人成长。

公司的 HR 在判断人才潜力时，非常看重学习敏锐度。我曾经在公司的培训体系中了解到光辉国际（Korn Ferry）提出的学习敏锐度的五个要素，并进行了相关的文献检索和学习。后来我在多年的个人职业发展和指导他人的职业发展的过程中，针对成长的不同维度，对学习敏锐度的概念和范围进行了升级和迭代，并提出了用七个维度体现一个人学习敏锐度的理论模型（见图 0-1）。

> 自我认知敏锐度（Self-awareness Agility）：一个人能够洞察自我，清楚地了解自身的优势和劣势，清除盲点，并利用这些信息高效工作的程度。

> 心智敏锐度（Mental Agility）：站在不同的角度思考问题，从容面对复杂和不明确的事态，并向他人阐明自己的观点的能力大小。

> 人际敏锐度（People Agility）：指具有良好的自我认知，从经验中学习，建设性地、调整性地对待他人，并且在不断变化的压力下保持冷静、具有适应性的能力大小。

> 目标敏锐度（Objective/Target Agility）：在变化的环境下依然能明确和坚持目标，激励自己和周围人超常表现，并表现出可以使任何模糊目标清晰化、分解化的能力。

> 变革敏锐度（Change Agility）：对事物有着好奇心，对新鲜的想法富有激情，愿意尝试有待检验的事情，并致力于引导变革和创新解决方案的活动的能力大小。

> ▶ 结果敏锐度（Result Agility）：在困境下能持续获得有效结果，激励团队超常表现，并能通过表现出对他人的激励和信任以引导团队达成结果的能力大小。
>
> ▶ 幸福敏锐度（Happiness Agility）：一个人能从日常工作和生活中稳定地体验到价值、幸福感、成就与掌控感的能力大小。

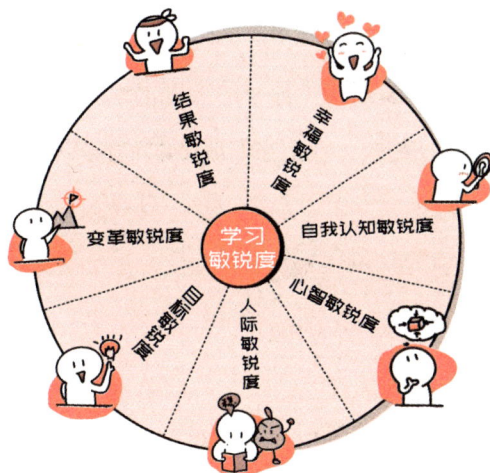

图 0-1　学习敏锐度

站在心理学角度会发现，人的一生其实一直在处理两类关系：

第一类是与自我的关系，包括如何看待自我，如何学习与成长，等等；

第二类是与环境的关系，包括如何看待环境（人、物、条件），如何适应与协同，让效益和结果最大化。

在学习敏锐度的七个维度中，第一、二、七个维度与"与自己的关系"

有关，第三、四、五、六个维度则与"与环境的关系"有关。

这里要强调的是，学习敏锐度中的要素和我们通常讲的胜任力素质不同。比如，学习敏锐度中的结果敏锐度和通常意义上的结果导向并不是一回事。学习敏锐度的要点在于从经验中拓展、获得新能力的能力。其中，结果敏锐度是指你是否把学到的技能用于新的环境并达成结果，而非指在熟悉且既定的环境下持续产生业绩。学习敏锐度不高的人在旧环境下仍然可以出业绩、有结果，但很可能换个环境就不行了。

这七个维度中，幸福敏锐度是一个非常深刻、值得用一生探寻的维度，它最重要也最抽象，我将它放在本书的最后一章进行讲解，也会结合心理学的知识和工具帮助大家把这个抽象的维度落地。而其他的六个维度，则与我们的职业发展密切相关，我把它们放在本书的第一至六章阐述。

在书中，我结合自己在职业发展方面的实践和理论学习，针对学习敏锐度中各个维度的培养过程，为大家整理了具体的实操工具。这些工具经历了几千名学员的职业发展实践的验证，真实有效。除了有关学习成长的"干货"，读者们也一定要关注我在每个阶段给自己提的问题。提出这些问题并想办法回答的过程，就是我分析环境、分析自己、寻找解决方案、提升思维能力的过程。

这七个敏锐度就像七个清晰的个人成长步骤，能助力你实现复利式成长。

在正式阅读本书之前，我先具体分享对这七个维度的解释。

自我认知敏锐度（第一个维度）：一个人能够洞察自我，清楚地了解自身的优势和劣势，清除盲点，并利用这些信息高效工作的程度。拥有较高自我认知水平的人拥有个人见解，清楚自身存在的缺点，不受自身盲点所限，并运用这些知识有效行事。自我认知敏锐度高的人有如下特点。

1.对自己的性格、能力、优势、劣势有清晰的认知并坦然接受。

2.可以客观对待来自他人的反馈，能意识到反馈的价值。

3.遇到挑战可以快速地分析主客观原因，不过度自责，不把问题归咎于外界环境及他人，也不过度防御。

4.能从容面对挑战，洞察个人的错误与失败，并从失败中学习、进步。

5.愿意把失败看成教训的来源，持续不断地使自我成长。

你可以通过一些问题和例子，观察如何从经验中获得学习和成长的机会、回应反馈、考虑不同情况、形成自我洞察以及理解自己对他人的影响。

心智敏锐度（第二个维度）：站在不同的角度思考问题，从容面对复杂和不明确的事态，并向他人阐明观点的能力大小。心智敏锐度高的人有如下特点。

1.思维敏捷，能迅速发掘与深入领悟事物规律。可以指出和发现事物间平行、透视、对比、承接、关联或组合等关系。

2.在条件有限、模糊又复杂的情况下，仍然能快速分析现状并高效处理问题。

3.不仅思考事情"是什么"，还寻求事情的"为什么"和"怎么样"，并且探求背后的深刻意义。

人际敏锐度（第三个维度）：具有良好的自我认知，从经验中学习，建设性地、调整性地对待他人，并且在不断变化的压力下保持冷静、具有适应性的能力大小。人际敏锐度高的人有如下特点。

1.能够建设性地对待与自己观点相左的人、自己不喜欢的人，或者在其他方面与自己有冲突的人。

2.善于发掘他人的优势，并且会将这些优势运用到恰当之处，做到"知人善任"。

3.善于向他人表达，即使是表达负面的反馈，也有能力使他人聆听。

4.能够在与他人的互动中有所产出，并努力从互动中有所收获。

目标敏锐度（第四个维度）：在变化的环境下依然能明确和坚持目标，激励自己和周围人超常表现，并表现出可以使任何模糊目标清晰化、分解化的能力。目标敏锐度高的人有如下特点。

1.在向他人描述和指出目标时，他人会觉得目标真实而具体，举手投足中散发着笃定和坚持。

2.能够明确分析出可能推动结果达成的关键要素。

3.在变化的环境中也会有卓越的表现，执着于目标，稳定性强，值得他人信赖和依靠。

4.能明确分析出与目标相关并且可能推动结果达成的关键要素。

变革敏锐度（第五个维度）：对事物有好奇心，对新鲜的想法富有激情，愿意尝试有待检验的事情，并致力于引导变革和创新解决方案的活动的能力大小。变革敏锐度高的人有如下特点。

1.对事物的发展趋势有判断能力，在变化的环境中具有创造性和创新性。

2.能够独立思考或通过与他人进行思维碰撞产生创新的想法，善于提出多种解决方案并努力实践。

3.能够领先于他人去承受和消化变革带来的负面结果。

4.能够影响和说服他人变革，让他人接受变革。

结果敏锐度（第六个维度）：在困境中能持续获得有效结果，激励周围人超常表现，并能通过表现出对他人的激励和信任来引导团队达成结果的能力大小。结果敏锐度高的人有如下特点。

1. 对想达成的结果有清晰的想象，并能将之清晰地讲解给他人听。在其掌控局面时，他人感到很有信心。

2. 能够建立并管理一支高效的团队，能持续激励团队。

3. 在困境下也会有卓越的表现，值得他人信赖和依靠。

4. 具有很高的关于"自我卓越"标准。

5. 除了参照外部对"卓越"的标准外，还有很高的自我标准。

幸福敏锐度（第七个维度）：指一个人能从日常工作和生活中稳定地体验到价值、幸福感、成就与掌控感的能力大小。拥有较高幸福敏锐度水平的人，通常拥有清晰的人生愿景、明确的身份追求和清晰的个人主见，不受环境变化所限，并且能运用这些能力保持自己人生的稳定状态。幸福敏锐度有六个层次，分别是朦胧含混、他人导向、反馈驱动、自我身份认同、完全自我和彻底超脱。

幸福敏锐度高的人有如下特点。

1. 对自己的人生追求、人生身份有清晰的认知。

2. 有明确的价值观来指导自己做选择。

3. 可以客观对待来自他人和环境的反馈。

4. 能充分平衡多种人生角色。

5. 具有较稳定、平和、高阶的情绪能量。

对照上述七个维度，不断修炼自己，养成自己的学习风格和习惯，你在职场中就会有无限的潜力。那么，现实中具体应该怎样去做？应如何逐步提高这套综合能力？接下来，我会从我毕业后找第一份工作的经历开始分享。

# 目录 Contents

# 第一章

# 自我认知敏锐度——
# 职业初期的迷茫与无助

## » 第一节
## 知识技能：
### 长板没有、短板致命、自卑脆弱，如何熬过来

相信每个"职场小白"在刚走上工作岗位时，都经历过觉得自己很"笨"的阶段，我也不例外。可以用 12 个字来总结初入职场的我：长板没有、短板致命、自卑脆弱。我的职业生涯一度险些夭折。但是一年半后，我便成了一个拥有"学习能力强、基本功过硬、积极向上"标签的职场小能手，为以后的职业发展打下了坚实的基础。

我是怎么做到的呢？

### 惨烈现状

刚工作的第一年，我觉得自己很笨。

没有业务经验，也没有人际敏锐度，简直就是个书呆子。我那时既不能凭借精湛的业务能力脱颖而出，也没有天生的人际敏锐度让我在与同事和领导的交流中如鱼得水。开会时我从来不敢发言，聚餐时我也不敢坐在显眼的位置，完全是个职场透明人。如果有人介绍我是一位毕业于北大的

博士，我甚至会感到羞愧，因为我觉得自己没有任何长处，配不上大众印象中博学多才的北大博士的形象。

当时，因为总觉得自己能力差，所以我非常自卑，变得敏感而脆弱，每周日晚上几乎都因焦虑而失眠，每周一又因焦虑而不想上班，需要站在镜子前给自己打气很久才肯出门。自卑、敏感、脆弱、被动、不谙人情世故，都成为我极其明显的短板。

在当时的我眼中，与我同批进入公司的每一个同事都比我优秀，他们要么能说会道，要么临床方面的专业知识过硬，要么英语口语水平拔尖，要么善于察言观色、抓住机会，只有我简直一无是处。不胜任就会被淘汰，我意识到这样下去肯定是不行的，必须做点什么改变自己。从哪里改变呢？肯定是从能力提升入手。但当时的我，已经不能用木板长短参差不齐的木桶来形容，根本就是一个"平底锅"。我到底该从哪里开始改变呢？

## 痛定思痛，我如何改变

我决定先看看自己现在的工作岗位到底需要什么能力。既然我没有什么长板，不如先根据岗位的需求对症下药，快速提升。

于是，我去公司内网找来岗位职责描述，把里面涉及的能力一条一条地挑出来，根据我所理解的不同经验形成的能力阶梯，列出了如表 1-1 所示的医学研究员岗位能力要求自我整理表。

然后，我针对岗位要求给自己绘制了符合当时个人能力发展的重要且紧急矩阵图（见图 1-1）。

对照矩阵图，我进行了如下分析。

表 1-1　医学研究员岗位能力要求自我整理表

| 基本素质要求 | 低阶岗位要求 | 进阶岗位要求 | 高阶岗位要求 |
|---|---|---|---|
| 医学或药学研究生及以上学历，可以是校招生或有 1~2 年医院工作经验的社会人士 | > 相关疾病领域的医学知识<br>> 与外部客户沟通的能力<br>> 项目和会议执行能力<br>> 医学英文文献阅读与总结能力、口语表达能力<br>> 幻灯片制作能力 | > 相关疾病领域医学策略识别能力<br>> 与国际总部定期进行会议的英语听说能力<br>> 外部客户管理能力<br>> 演讲培训能力<br>> 项目管理能力<br>> 协调组织能力<br>> 时间管理能力 | > 疾病领域及未来产品线策略布局能力<br>> 医学学术方案设计能力<br>> 项目设计与管理能力<br>> 演讲培训能力<br>> 学术会议设计与组织能力 |
| 所处阶段 | 我在此阶段 | 1 年后我要达到此阶段 | |
| 还欠缺的能力 | > 与产品相关的医学知识<br>> 幻灯片制作能力<br>> 英语口语能力<br>> 优秀的执行能力 | > 策略思维能力<br>> 英语口语能力<br>> 组织协调能力<br>> 演讲培训能力<br>> 时间管理能力 | |

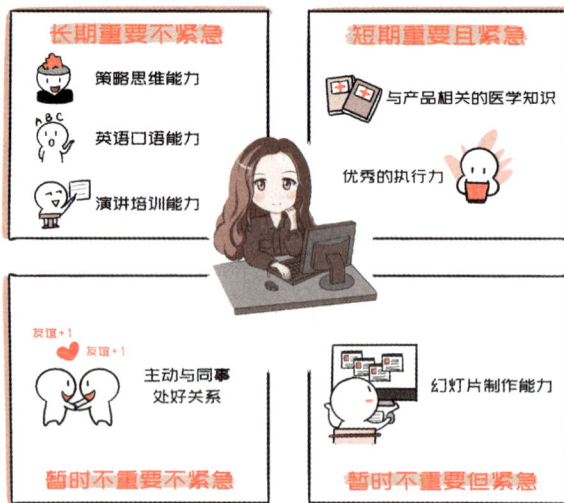

图 1-1　个人能力发展的重要且紧急矩阵图

1.主动与同事处好关系不是我的强项，当时的我精力有限，思来想去，我选择先不去主动提高情商、刻意经营同事关系，免得做不好适得其反。把自己的事情做好更紧迫。

2.幻灯片制作能力在未来的职业发展中非常重要，但当时我的岗位对此没有太高的要求，或者说要求并不高，能把项目的落地执行做好、把幻灯片讲清楚即可，至于幻灯片做得是否炫酷、高级，并没有那么重要，完全可以半年后再花精力学习。

3.最终，我甄别出了两个比较重要且相对容易提升的能力，分别是：产品领域的临床知识积累和英语口语。我希望自己能在短期内提升这两个基础能力，于是给自己设定了 3 个月的目标，开始制订提升计划并严格落地实施。

针对临床知识，我采取的策略是阅读文献自学、背专业书、拜访客户。我通过讨论学习关键点等方法，快速提升工作职责范围内的疾病领域知识积累水平；通过以教为学加强认识，主动创造与销售团队接触、沟通、培训的机会，在这个过程中不断对自己的知识掌握情况查漏补缺。我印象中当时最常做的事就是每天晚上洗完澡后坐在书桌前，拿出一篇提前打印好的与产品相关的文献，开始通读。不但通读，而且还记笔记，看过之后总结关键点，有时还会制作几张幻灯片，通常做这些事情需要 1~1.5 小时。我刚开始比较吃力，慢慢地读得多了、能融会贯通后就不那么吃力了，后来速度越来越快。我还发现了适合自己的看文献的方法：只看研究目的、研究条件与结论，并从结论中分析那些对我们的产品特点有加持作用的观点。如果对结论感兴趣，再回过头去看推导出结论的数据，之后看数据的得出过程；如果对结论中描述的引用文献感兴趣，我会再去搜索相关文献，第二天进行补充阅读。

经过 2 个月这样高强度的学习，我在产品领域的知识积累达到了团队第一的水平，与客户交流时，客户经常惊奇地发现我对相关疾病领域最新的文献都了如指掌，于是会对我这样一个认真好学的小姑娘表示非常认可和欣赏，甚至敬佩。在这个过程中，我不但与客户建立了良好的合作伙伴关系，更和客户成了可以交流专业知识的朋友。客户愿意与我交谈，因为与其他只关心研究方案如何执行的医学研究员相比，我显得更积极、更专业、更有前瞻性，并且能和我们的临床客户打成一片，对学术研究和未满足的治疗需求感兴趣。

最终，我已经可以与临床专家平等地就疾病领域的知识与产品的知识进行对话，这带给我很大的成就感。

针对英语口语，我采取的方法是报专业课、请辅导老师帮助我快速提高口语水平的策略。因为上学时经常做笔译，我的英语读写能力不错，但是口语能力就很一般了。我的工作需要经常与国际总部开会，我听不懂国际总部的同事在说什么，又说不好英语，非常影响沟通，几乎无法有任何亮眼的工作表现。于是我下定决心要提高口语能力，改变这一被动局面。

当时我一个月的工资才 6000 元，就报名了学费为 24000 元的英语口语提高班，然后开始风雨无阻的学习。从公司坐地铁大约要 45 分钟才能到英语培训班。我每天下午 6：00 下班，于是每周一、三、五下班后，我都会快速从公司冲出来，坐地铁在 6：45 左右赶到英语班附近，然后用 15 分钟吃个汉堡或米线，7：00 开始上课。那时每周都有三天的晚餐只能吃汉堡或米线，无比单调，但我却因为一心想着饭后可以开始上英语课而无比兴奋。上完课是晚上 9：00，我会在英语班附近的街道上散步，在脑子里大概回想一下今天都学了什么，或者什么都不想，放松忙碌了一天的神经，然后坐地铁回家。周末的课我也是一大早就坐着地铁过去，从我家到英语班要坐一个半小时的地铁，但是我把 90% 的周末课程都坚持下来了。3 个月后，我的口语水平突飞猛进；5 个月后，我的口语达到了高级水平。

于是我开始有能力介入团队与国际总部的电话会议，通过参与讨论促进业务开展，这同样给了我很大的成就感。同时，日常工作中我也开始侧重于补齐自身其他的短板：人际沟通能力和组织协调能力。

那时的我已隐约形成提升自身能力的策略：明确针对每个岗位的要求，识别自己在当下最需要提高的 2~3 个能力，用短期冲刺、脉冲式的方法进行学习和快速提升，并通过日常工作迅速把"纸上谈兵"变成"实战演习"。

在不断实践并学习了生涯规划的课程之后，我对一个人如何有针对性地制定个人能力提升策略、持续发展职业技能，有了更深刻的认识，逐渐摸索出培养自身职业能力的方法，这成了我不断提升职场竞争力的法宝。

## 职场能力究竟是什么

通常，面试官在面试求职者时会很关注其所具备的能力是不是和岗位要求匹配，那么究竟什么是能力呢？

能力是个体将所学的知识、技能和态度，在特定的活动或情境中，进行类化迁移与整合所形成的、能完成一定任务的素质。比如，医生最基本的能力是诊断、识别和治疗疾病，能否根据病人的症状，将疾病确诊出来并提供正确的治疗方案，是检验医生是否具备这种能力的直接方式。IT 技术开发人员最基本的能力是写代码，能否根据客户需求将产品按时、按质地开发出来，是检验其是否具有这种能力的方式。

职场能力其实呈同心圆结构。这个理论我最早是在古典老师的作品中接触到的。职场能力可以拆分成才干、技能、知识三层，这三层由内而外地构成一个同心圆（见图1-2）。

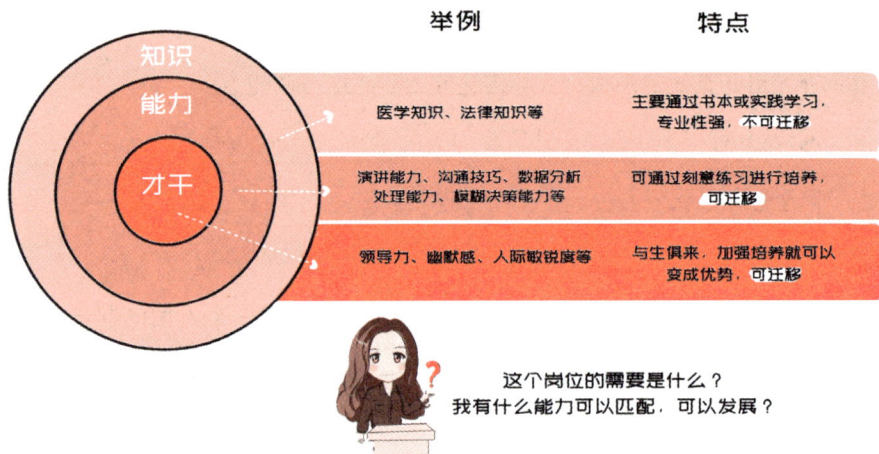

图1-2 职场能力同心圈

最外圈是知识，就是你懂得的东西，它需要有意识地专门学习和记忆才能获得，常与专业学习或工作内容相关，一般用名词表示，以广度和深度为评价标准。知识不可迁移，需要专门学习才能掌握。

中间是技能，是我们能操作和完成的技术。这种技术可以在工作与生活中的方方面面进行发展，可以在不同岗位和行业之间迁移使用，一般用动词表示。以熟练程度为评价标准。

最内圈是才干，是我们"自动化"地使用的技能、品质和特质。习得才干需要天赋，同时也需要后天的训练。才干对职业发展能达到怎样的高度有很大的贡献，但单一的才干无法直接体现，需要与知识、技能相组合。一般用形容词或副词表示。

大多数人都是采用"在学校学习书本知识（毕业后基本还给老师）+ 在工作实践中学习岗位必要知识"的方法，扩充自己的知识库。但是，一方面，知识本身其实相对容易获得，尤其互联网时代，知识的快速检索、搜集、归类已经是常规操作；另一方面，知识不可迁移，在不同岗位之间共通的可能性很小，因此在职业发展的过程中，拓展知识不是重点，培养自己的"可迁移的技能"，关注个人技能的提升才是重点。技能和才干需要终身培养。

能力发展也分为三个阶段：学习相关理论知识，锻炼固化为技能，内化为才干标签。

第一阶段：学习相关理论知识，从"无知无能"到"有知无能"。

第二阶段：锻炼固化为技能，从"有知无能"到"有知有能"。

第三阶段：内化为才干标签，从"有知有能"到"无知有能"（见图1-3）。

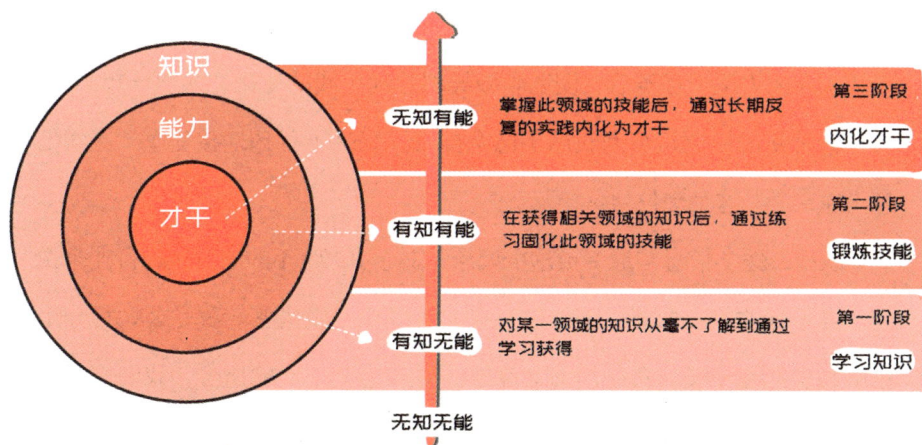

图1-3　能力发展三阶段

## ›› 第二节

# 自我认知：
## 主动跳出舒适区，我在寻找什么

度过最初的"职场适应期"之后，随着学习能力不断迭代、工作能力不断提高，我开始有机会迎接新的岗位挑战，并成为一个小领导。虽然跳出了舒适区，但我"适应"新岗位的速度却越来越快，证明自身能力的路径也越来越清晰且可复制，我到底是怎样做到的呢？

### 新岗位新挑战——人职匹配模型

个人能力逐步提升后，团队和领导都看到了我的变化，入职一年半时，领导带着新的岗位机会问我愿不愿意挑战，我毫不犹豫地接受了"医学信息沟通专员"这个岗位。

然而，医学信息沟通专员这个概念，对于 2009 年的国内医药行业来说是一类新兴的岗位职能，国外也没有太多经验可以借鉴。我是公司第一个医学信息沟通专员，负责肿瘤产品组。对于这个全新的岗位，我到底应该怎么做？我怎么证明这个岗位的价值呢？

我开始思考这个岗位的需求到底是什么，我有什么能力可以与需求匹配，可以发展。也是在这个过程中，我开始朦胧地使用人职匹配模型对自己和岗位进行匹配，人职匹配模型也是古典老师在他的生涯规划课中提出的。

我在 2010 年开始思考这类问题，下面我仍简单地用上一节向大家展示过的思路进行循环操作：列出岗位的基本要求、进阶要求、高阶要求来进行分析；提升能力；动态分析匹配度；继续提升能力。

直到 2017 年上了古典老师的生涯规划师的课程，我才恍然大悟，发现还可以用这么好的模型，也很欣慰 2010 年的自己竟然简单地摸索出了这一模型的雏形（见表 1-2）。

表 1-2  员工能力及需求与岗位要求和回馈之间的匹配

| 员工的两个要素 | 岗位的两个要素 | 首先分析 | 再进行匹配 |
| --- | --- | --- | --- |
| 能力 | 要求 | > 个人最核心的三项能力是什么，满分 100 分的话自己能有多少分<br>> 岗位最基本的三项要求是什么，需要员工做到多少分 | > 如果能力低于岗位要求，那就提升能力<br>> 如果能力高于岗位要求，那就考虑岗位进阶的机会 |
| 需求 | 回馈 | > 公司能提供什么回报，包括工资、奖金、福利、团队文化、弹性工作制、培训平台、发展平台、企业自豪感等<br>> 员工有什么需求，包括物质和精神两方面的需求，精神需求比如成长的需求、被认可的需求等 | > 当需求高于岗位所给的回馈时，就要主动去沟通，看是否能得到满足<br>> 当需求低于岗位所给的回馈，员工满意度较高，积极性也较高 |

我们可以把这一模型拆解为两个步骤。

**第一，深入分析，理解岗位的要求。**针对每个岗位，公司都有岗位职责描述。作为员工，你要能非常清楚地把这些要求优化为核心的三个能力需求，并清楚地了解该岗位的绩效评估标准。

例如，对于医学信息沟通专员这个岗位来说，经过与领导的沟通及认真的筛选和排序，我发现除了"专业知识"这个基本要求，匹配该岗位的前三项重要能力是：超强的学习潜力、沟通技巧，以及快速适应变化的能力。而对于这个岗位的绩效评估标准，领导并没有想好，他让我自己在实践中摸索，希望 3 个月后我能给他一份满意的答卷。

第二，定期沟通，明确领导的需求。要与领导定期沟通，跟进彼此的要求和需求，保持步调一致，这也是让人职匹配模型良好运转的非常关键的操作。

要在工作和配合中持续沟通，保持信息畅通，双方应不断细化和明确岗位的要求，并确认员工的需求，这些工作也非常重要，要定期进行。只有这样，才能保持人职匹配模型顺利运转，在员工有了新需求或岗位有了新要求时，能及时发现和沟通，有效杜绝"领导和员工双方各憋了一肚子委屈，员工觉得自己的工作不值得继续做直接辞职，或者领导对员工极度不满意然后突然将其开除"的情况。

那么我当时是怎么做的呢？针对这个岗位，我进行了以下思考。

我开始思考这个岗位的价值，并特意做了一份研究这个岗位如何改变客户观念、间接促进区域销量变化的模型。模型中有几个关键点：一是一定要做试点，用局部成功证明策略的正确性；二是分析关键变量，寻找模式；三是进行复制，用实践检验、证明该方法论的正确性；四是找到合适的时机向领导汇报，获取支持与资源。

针对医学信息沟通专员这个新兴岗位，我想，站在公司的角度，最重要的还是业绩。但是医学信息沟通专员属于医学岗位，不直接与销量挂钩，我能不能找到某种方式，将我的工作贡献和结果与公司的业绩曲线挂钩呢？或者起码从侧面证明我做的这些工作，与公司的销售团队产生业绩正相关呢？

要知道，当时公司的这个岗位只有我一个人，我是负责全国相关事宜的医学信息沟通专员，如何才能让自己快速产出价值并被认可呢？显然全国"铺面"是不行的，得专心于"点"。

于是我打算做"医学信息沟通专员星火燎原试点项目"，借以全面呈现医学信息沟通专员的岗位价值。针对这个项目，我采取了以下三个措施。

1.确定三个发展潜力比较大、大专家集中、销售经理配合度较高的区域，分别是北京、上海、浙江。

2.与销售经理深入沟通，了解来自一线岗位的需求。确认了销售经理们主要有通过定期拜访客户沟通学术需求、大客户定期学术会议的支持和对一线销售同事进行定期培训这三大需求。

3.针对这三大需求设定年度目标和KPI，并持续关注结果。

我把项目时间定为3个月，在过程中加强与区域销售、市场团队的沟通，并及时跟进外部客户的反馈，终于在3个月结束时拿到了客户观念提升和区域销量提升的结果。在与公司总裁进行月度午餐会时，我将这个结果展示出来后受到认可，领导立刻决定给我增加3个人手，成立医学信息沟通专员团队，将我的成功经验复制到全公司。

## 深入了解每个人，带领团队完成漂亮的KPI

成为团队领导后，角色的变化和看问题的角度都会发生变化。关于领导力，我当时的理解是，团队领导一定要带领队伍达成绩效，因此领导力有三个展现点：

1. 能引导策略方向，有足够的判断力和洞察力；

2. 有影响力，能引导和调动资源，包括人、钱、物等；

3. 有关心力，愿意了解、理解团队需求，推动团队发展。

做了团队领导后，我不仅要对自己一个人的绩效负责，还要对整个团队的绩效负责。我是一个非常注重效率、结果导向的人，做了医学信息沟通专员之后，更是对自己高标准、严要求。在第六章关于结果敏锐度的分享中，我还会通过举例为大家深入讲解关于领导力的话题。这里只简单分享我在刚带团队时的思路，希望能给大家提供一些借鉴。

1. 面对员工能力参差不齐的团队，如何确保大家理解团队目标，交付的任务能够达到标准统一、足够清晰的要求？

2. 如何避免能力差或态度不好的员工给整个团队带来绩效风险？

3. 我是否清晰地了解团队中的每个成员想从这份工作中得到什么？

4. 我是否清晰地了解团队中的每个成员想为这份工作付出什么？

5. 每次布置任务我都会反思，如何让对方清晰地领会我想要什么？

花了一段时间进行深入思考之后，我决定对自己和团队重新进行目标管理和绩效要求管理，并投入时间和精力与他们每个人深入地进行一对一沟通，以确保我们对目标的理解和对执行要求的理解一致。也就是说，在当时，管理团队绩效主要操作是给团队提岗位要求和KPI，并进行自下而上的目标沟通与管理。如今看来，这其实就是将现在很常用的目标与关键结果法，即OKR融入了管理，我也会在第六章中，为大家详细讲解什么是OKR及如何使用OKR。

　　当时在国内的医药行业中，医学信息沟通专员属于新兴岗位，这类新岗位的要求对于个人贡献者（self-contributor）来说还比较好满足，做好一些本职工作就可以了；而对于团队领导来说，需要思考的就不仅仅是手头的工作，还有岗位和团队职能的价值所在。当时虽然还没有OKR的理念，但是我从需要达成的目标和KPI开始，深入挖掘医学信息沟通专员这个岗位能给组织带来的价值和意义。

　　在我看来，思考和量化岗位价值这件事并不紧急但很重要，所以当时我给自己的要求是，每周都专门抽出2小时，这2小时我不做具体的工作，而是找个安静的地方，比如会议室、楼下咖啡厅的僻静角落，抱着电脑，坐在那里专门思考以下问题。

　　1. 医学信息沟通专员这个岗位，与公司内部医学部其他岗位的区别是什么？

　　2. 这个岗位能提供什么样的差异化的价值？

　　3. 这些价值体现在哪些方面？

　　4. 这些价值针对内部及外部哪些重要的利益相关者或客户？

　　5. 这些价值用什么样的结果来呈现是最容易让大家认可的？

　　6. 如何对这些结果进行量化并让大家可以更清晰地监测？

　　7. 如何将监测到的结果视觉化地呈现出来，如何根据大家的反馈调整呈现出来的结果、反馈机制是什么、调整的原则是什么？

　　……

　　以上问题都是我刚成为医学信息沟通专员经理时曾深入思考的，虽然当时的思考结果在很多方面还不成熟，但是这些思考和方向加深了我对这个岗位的理解，也让我可以跳出来，用"第三人称"的视角看待我自己及团队的工作。

在写本书时，我意识到，其实我当时就在给医学信息沟通专员这个岗位进行定位和价值主张。做具体的产品和品牌时需要先完成定位和价值主张，这个大家都很清楚，其实对于一个岗位来说也是如此。价值主张可以时刻提醒你这个岗位核心的差异化优势是什么，给大家带来的获益是什么。也只有这样，价值主张才能真正指导你的实际工作，让你有足够的定力，不因那些细碎、烦琐、不重要、低价值的事情失去焦点。

思考完价值主张，我开始思考如何将这个价值主张落地，形成具体的工作结果。

在制定目标时，通常会设定一个定性的时间内目标（对医学信息沟通专员这个岗位来说，我选择以季度为时间单位）。关键结果以量化指标的形式呈现，用来衡量在这段时间结束后是否达到了目标。在全面展开工作时，要将岗位价值（价值主张）、团队目标（落地、量化的价值主张）和个人目标（个人发展和个人贡献）有机结合。而在到了需要衡量目标时，要特别注意对每个目标的每个关键结果进行评估，因为不同的人对目标的期望也不同。

从实施流程上来说，即根据价值主张设定明确的目标、明确与目标联系最紧密的关键结果、制定与结果高度相关的 KPI 并推进执行，然后定期进行回顾和调整，以确保目标能够实现。

## ›› 第三节

## 摸爬滚打：
## 在成长区摸爬滚打、自我否定与重建、高光时刻

在医学部工作了 5 年、换了 3 个岗位、升职 2 次之后，有一个新的岗位机会摆在我面前，让我既兴奋又胆怯。我一方面想抓住它，让能力和见识都上一个台阶，另一方面又担心自己无法胜任，难以收场。

最终我还是选择了挑战自我。虽然过程中的摸爬滚打令我狼狈不堪，但最终也有了"高光时刻"。我也深刻理解了莱昂纳德·科恩（Leonard Cohen）的那句话："万物皆有裂痕，那是光照进来的地方。"

### 新岗位机会伴随的新挑战

随着在医学部的工作逐渐步入正轨，工作开始变得游刃有余，新的机会迎面向我走来。有一天，公司事业部的负责人和我谈话，聊我的职业生涯发展，并问我愿不愿意转到市场部工作。

我问他为什么觉得我能胜任，领导说是因为"专业度 + 灵活度 + 良好的客户关系"。

说实话这个机会对我来说是很大的挑战，当时的我年轻懵懂，只是隐

隐感觉未来之门打开了一条缝，射出了一道光，但是不确定门里面的是不是宝藏。思考了一天之后，我决定试一试，这主要是考虑到医学部对我来说就像舒适区，要想让自己获得更大的成长空间，就要跳出舒适区，进入成长区。

事实证明，寻找宝藏前期的黑暗超出你的想象。初入市场部，内外部的巨大挑战，让我一度十分低落，后悔莫及。市场部与医学部的工作内容完全不同。业务部门与支持部门的职能也完全不同。而且，由于我的职业角色发生了变化，因此我的思维方式和工作方法也需要快速变化。同时，团队和公司领导对这个岗位的期望值非常高，这些挑战都给我带来了不小的压力。

我可以简单描述一下当时的情况。

外部市场环境复杂：环境多变、竞争激烈、一片红海、客户需求多且紧急等。

内部销售团队的压力：业务压力巨大、团队的焦虑感与无助感交织并存，演变成对市场部的挑战与冲突。

与领导的合作模式处于磨合之中：刚到市场部时，我当时的直接领导性格很好，但是坦白讲他的抗压能力有待提高，整个人非常情绪化。当时的我没有能力对他进行向上管理，也无法很好地预测他的语言和行为，更不能快速消化那些不良情绪，这导致我非常辛苦，也很郁闷，几乎每周都要大哭一场。

那时的我再次陷入了深深的自我否定，在医学部积累起来的职业成就感和自信心荡然无存。

## 一个情绪化的上级

有一次，我晚上加班到深夜，发完最后一封邮件已经快凌晨 1：30 了，而那天早上 8：00 我还要与销售经理开会，那时我住的离公司特别远，所以决定在公司睡一晚。我把椅子靠垫当作枕头，当时是夏天，我把一件外套盖在身上，就这样在办公室的桌子上睡了一晚。

早上 6：30，公司打扫卫生的阿姨把我叫醒，阿姨得知我因为加班晚了不能回家，对我表示了佩服和心疼。

9：00 开完与销售经理的会议，领导和我梳理接下来的工作安排。梳理过程中，我提及昨晚我在公司办公室睡了一晚。领导听后无动于衷。他说，特殊时期大家都很辛苦，加班是必然的。当时我心里虽然有些委屈，觉得领导根本不把我这个员工放在心上，但是也没有多说什么。

直到下午开完另外一个跨部门会议，领导突然找我问责，说项目的设计不够合理，对我大发雷霆，当着很多团队成员的面骂了我一顿。我说这个项目是星期一和您讨论过的，您当时并没有什么异议，但他根本不听我的辩解，让我把项目的计划撤回重做！

那一刻，我委屈极了，觉得这个领导太没有人情味了。过去几个月我一直在加班，而且前一天刚刚在公司加班到深夜，不得不睡在公司，这种情况下领导连一句安慰的话都没有，不但不关心我的感受，竟然还这样朝令夕改，真让人无所适从！

下班时我给闺密打电话诉苦，越说越委屈，忍不住大哭了一场。哭过之后，我冷静下来，思考如何解决问题。

那天晚上我没有加班，特意没有带电脑回家，我拿着我的笔记本去咖啡厅，决定深入思考一下，到底应该怎么与领导合作呢？在这种整个团队的压力都非常大的情况下，如果我不能马上改变领导的工作方式，就只能改变自己。

## 用一张 A4 纸解决难题

这里我给大家推荐一个当我遇到困惑或困难，感觉头脑不清楚而解决不了问题时，常用的思考方法——A4 纸零秒思考法。这一方法由日本的一位商业咨询师提出，他在其著作《零秒思考》中提出了一个非常方便、实用的方法，即用 A4 纸在 2 分钟之内记录你针对问题进行的思考。

这个方法的好处在于，能够让你养成快速针对问题思考解决方案的习惯，同时这个方法适合多种场景，比如遇到职业发展困惑时、出现职场情绪时、遇到职场难题时等。

具体操作很简单，每天如果想到了什么困扰自己的问题，随时随地拿出一张 A4 纸，花几分钟把你想到的、关于这个问题的解决方案都列出来。将问题放在第一列，然后归纳 4~6 行第一时间想到的答案，每行关于问题的回答不要超过 20 个字。需要把你能想到的答案都写出来，一直写到想法枯竭为止（见图 1-4）。

这样做的好处在于，你可以瞬间将诸多困扰从你的大脑中移除，从而减少当时的不良情绪，并有可能快速梳理出解决方案，或者哪怕快速发现问题。

那天晚上，我就在咖啡店思考与领导合作过程中的问题，当时写了三个问题。

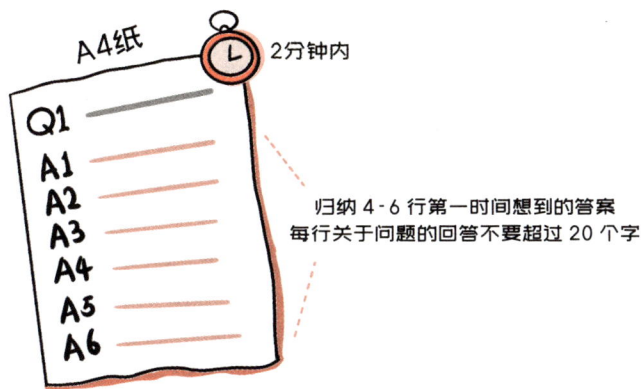

图 1-4　一张 A4 纸记录你的思考

每个问题的后面我都列出了自己在 2 分钟之内尽可能多地想到的所有答案或解决方案，当时我所列的内容具体如下。

问题一：领导为什么总是会突然变得情绪化？

1. 他本身的工作压力达到了他自己无法调节的水平。

2. 他的性格导致他相对比较有性情、情绪化。

3. 我们处于合作的磨合期，所以双方的工作方式都需要调整。

4. 他对工作有过高的期望，现在的我还达不到他的预期。

5. 他是一个"对事不对人"的人，管理方式倾向于管事，而不是关心他人的感受。

问题二：这种情绪化是我能改变的吗？如果不能我有什么方法可以应对？

1. 他的性格较情绪化这件事本身我无法改变。

2. 但是我可以更多地了解他，提前预测他的情绪化或更好地临场应对他的情绪化。

3. 我可以汇总分析他在什么场景下容易情绪化。

4. 主动与他交流，告知他我的感受，希望他能意识到。

问题三：我自己在与领导合作的过程中有没有什么需要改善的地方？

1. 要快速提升自己在市场部的各项能力。

2. 加强与领导的定期沟通，提前确定他的期望值以及我在工作中需要调整的方向。

3. 理解他的感受，先共情，后讨论，不要争论。

4. 在处理不同意见和冲突方面，做到比他更成熟，不要困于自己的情绪。

经过一番反思和思考，我的心情平静了许多。根据我在 A4 纸上写出的这些可能有效的解决方案，我给自己制订了行动计划。

在接下来的日子里，我通过主动找领导沟通、了解期望值、获得意见与建议、主动跟进和反馈、充分理解他、和他共情，慢慢度过了我们的磨合期，双方相处起来都舒服多了。虽然这个领导还是会有情绪化的问题，但是这种情绪化给我造成的困扰越来越少。我有时甚至还和他聊天交心，帮他管理情绪。

在之后的职业生涯中，我遇到过各种各样的领导，也都通过这种方式把双方的矛盾降到最小，最大化地达成一致，从而推进工作，尽量愉快地工作。我的这位领导其实是一位非常真诚的人，我们也是非常好的朋友，后来我离职时他还开玩笑说："能把我这种领导管理好，后面的职业生涯中不管你遇到什么样的领导都没问题啦！"

## 高光顿悟的阶段

除了要与领导配合好，多了解、理解他，学会与他打交道，更重要的是把事情做好，把业务做好。所以那段时间我一直在不断地思考，到底怎么做才能打破当前的局面。每天我都会在 A4 纸上写写画画，思考策略。有一天我突然意识到，面对这样复杂的市场局面，我不可能一次性解决所有问题，那么最关键的问题是哪一个？哪些问题是最底层的杠杆？有哪些问题需要我去解决，哪些问题需要团队去解决？或者用二八原则，将 80% 的资源和精力投资在最关键的 20% 的事情上？策略就是明确取舍、做选择，找到最值得做的某几件甚至某一件事情。

我决定从自己的专业优势入手，从自己能做的事情开始，尝试为整个局面找到突破口。专业洞察力是我的特长，那我就把它发挥到极致。于是我的心情开始恢复平静，我开始像之前那样看专业文献，深耕产品数据，分析当前的疾病领域有哪些未被满足的治疗需求，产品的差异化优势到底在哪里。在用了三天时间研读、分析文献后，我对产品的疗效安全性信息及市面上所有竞品的疗效安全性信息都进行了完整的汇总分析，并列在PPT 里，从中分析出了我们的产品有哪些差异化的竞争优势。

完成这些工作后，我组织公司包括市场部、销售部、医学部、大客户部、培训部，甚至公关传媒部在内的各部门同事，一起开了一个研习会，讨论、分析自身的优劣势和今后的行动方案。最后，我还拿着内部团队打磨过的材料，去找一些彼此熟悉的、关系比较好的外部客户进行讨论，请他们给我们挑毛病、提建议。

经过几轮的讨论、挑战、分析、总结，我们对产品的差异化优势的挖掘渐渐有了眉目，结合当时的市场需求，我们专门针对客户设计了一套全年的解决方案，即一个非常优秀、新颖的市场活动，这个活动充分与我们的差异化优势结合，让我们在激烈的红海市场中"杀"出了一条路。最终，无论是外部客户还是内部跨部门团队，都对这样的方案非常满意，我个人在此过程中还收获了很多客户资源，他们非常欣赏我的专业性，大家经常在一起探讨专业问题。

夜深人静时，回顾过往，我深深地意识到，无论是市场营销还是个人发展，对差异化优势的挖掘都必不可少，盲目加班、重复做事只是在自我感动，找到关键的方法，才是对自己、对公司最重要且最有利的事。

## >> 第四节

## 扬长避短：
### 在优势区提高成功概率，合理分析和发展自己的能力

叔本华有句关于人生的名言："人生就是一团含混不清的欲望，欲望不满足就痛苦，欲望满足就无聊。"这句话表达出人生的矛盾状态，不仅仅是面对欲望，在面对变化时人们也同样充满内心冲突：渴望变化，渴望新奇，同时又希望自己能拥有"不变"带来的那点安全感。

在一家公司工作得久了，难免感到倦怠，渴望看看外面的世界。但是，如何能保证跳出去是最优的选择？如何合理分析和发展自己的能力从而提高以后的成功概率？

## 工作中也有七年之痒

在第一家公司工作了刚好 7 年时，有一天和一位业内的朋友聊天，她对我说，瑞米你知道吗，你身上 ×× 公司的印记特别明显，举手投足、思维方式、表达方式都是。

我一听就惊住了，真是这样吗？ 这可不是我想要的。我一直喜欢变化，希望自己体验不同的环境、模式、经历。我不想自己年纪轻轻就"固化"，

变得"泯然众人矣"。当时博士毕业的我之所以没有选择留校，正是因为不喜欢学校里"一成不变"的工作和生活模式。然而，现在的我……是时候做出改变了。

我决定辞职，要想让自己脱离某种模式，就要彻底离开这个环境。

世界那么大，我想去看看。

刚好，我的市场部经验里缺乏在新产品上市前规划、推广产品的经验，所以我决定跳槽，去另外一家跨国公司（multinational corporation，MNC）做新产品上市。也许有人会问，为什么做这个选择呢？

人的职业发展是有运气成分的，而你能做的，是在优势区击球，提高胜算（见图1-5）。如果你是一个水手，那么能不能从几十个水手里脱颖而出被选中，是要看运气的。但这艘船开向何处，是河对岸还是远方，就是"运气的运气"，你可以选择的是跟随哪艘船上路。那我们怎么做才能改变"运气的运气"呢？这就需要先理解基础比率的概念。

图1-5　在优势区击球提高胜算

我们来看一个生活中可能出现的例子。长相一般又不太懂女生心思的小李因为就读于外国语大学的外语专业，因此有机会在女生众多的班级里找到女朋友；而阳光帅气的另一位同学小张则就读于计算机专业，班里一共就只有 3 个女同学，直到大学毕业都没得到班上女同学的青睐。

你看，他们所在学校的女生人数在总人数中所占的比例，就是女生的"基础比率"。小李所在学校女生的基础比率高达 90%，而小张所在学校女生的基础比率不到 5%。因此，自身条件较差的小李找到漂亮女朋友的概率反而更高。所以，如果仅仅从校园恋爱的角度来说，小张选错了赛道。

查理·芒格有一句名言：钓鱼的第一条规则是，在有鱼的地方钓鱼。钓鱼的第二条规则是，记住第一条规则。这句话说的就是这个道理。

改变运气的运气，就是去成功概率更高的地方。所以我选择了最能利用我的专业优势的市场营销领域：新产品上市。与成熟的产品领域相比，这个领域的特点是市场未知、差异化优势待发掘、产品定位有多种可能性、学术引导性较强，也最适合我当下的发展需求。

## 如何与团队成员对比自己的优劣势

每个人都有很多能力，同时也会有自己的优势和劣势。如何管理并有效提升这些能力和优劣势，才能更好地推动个人职业发展呢？

进入新的公司，从领域到产品再到团队，对我来说都是全新的。

但是我已经不是那个刚毕业时懵懵胆怯的我。新加入一个团队，我要第一时间分析自己在团队中的能力和竞争力，寻找差异化优势。我甚至根据新岗位的要求，做了一张对比自己与其他团队成员的差异化优势的表格

（见表1-3），以此指导自己在接下来的几年中要在哪些方面进行提升、在哪些方面稳步保持、用哪些特点展示自己。

表1-3　团队成员能力分析对比

| 能力维度 | 我 | 小张 | 小李 | 小王 |
|---|---|---|---|---|
| 医学专业度 | 90分 | 75分 | 85分 | 65分 |
| 人际能力 | 80分 | 95分 | 80分 | 75分 |
| 积极主动性 | 90分 | 90分 | 85分 | 70分 |
| 组织协调能力 | 85分 | 85分 | 80分 | 75分 |
| 英文水平 | 85分 | 80分 | 90分 | 70分 |
| 在公司的年限（年限短分数低） | 0分 | 60分 | 80分 | 50分 |
| 策略思维能力 | 85分 | 75分 | 75分 | 60分 |
| 外部客户沟通能力 | 85分 | 85分 | 80分 | 65分 |

经过这样一番分析，我对于自己在团队中的竞争力一目了然。

团队里竞争力最强的是小李，他的医学专业度、组织协调能力、英文水平都不错，入职时间也最长，唯一的短板就是他不是特别喜欢与外部客户沟通，但是真让他去做他也能应付。

小张也不错，他虽然专业水平一般，但头脑聪明、灵活，而且特别积极主动，情商很高，很会待人接物，在公司里也较受认可。

小王相对弱一些，他各方面都不够好，相对来说不是竞争对手，不在考虑范围内。

那么接下来就要看看我自己了，想在团队中脱颖而出，要发挥自己的优势、扬长避短，我的可发展优势有医学专业度、外部客户沟通能力、组织协调能力和策略思维能力。所以，如果我想在团队中给自己贴标签，就可以考虑把这几方面的差异化优势进一步拉大，让大家刮目相看。

## 职场能力矩阵分析及发展策略

职场能力矩阵是用一个四象限表示的矩阵，你可以将自己的各种能力分门别类地进行分析和管理，有针对性地提升。大家对这个工具感兴趣的话可以去看古典老师在"生涯规划"课程里的详细介绍，这里我结合自己的经验和实例给大家描述一下具体我是怎么理解和使用的。这四象限共有两个维度：是否擅长和是否喜欢（见表 1-4）。

表 1-4　职场能力矩阵分析

| 维度 | 能力举例 | 应对策略 | 维度 | 能力举例 | 应对策略 |
|---|---|---|---|---|---|
| 擅长＋喜欢 | 医学专业策略分析、客户管理、项目管理、写作 | 发扬成个人优势标签 | 擅长＋不喜欢 | 英语翻译、信息收集、实时记录 | 保留为储备技能，以备不时之需 |
| 不擅长＋喜欢 | 演讲技能、项目设计、运营能力 | 重点学习和发展 | 不擅长＋不喜欢 | 事务性工作、操作性工作 | 尽量避免自己做或直接授权给别人做 |

画出四象限之后，针对自己在工作中需要的每个能力，都问自己如下问题：这个能力是我擅长的吗，这个能力是我喜欢用的吗？

在对自己的能力进行分析时要注意两点。

第一，擅长和喜欢是两件事，比如我很擅长做英语笔译，上研究生时曾经靠做英语笔译每月获得几千元的稳定收入，但是我并不喜欢，因为觉得这机械而浪费时间，对个人成长的帮助极为有限。所以，你要把"擅长"和"喜欢"这两个维度分开进行思考。

第二，有些事情你会因为自己"不擅长"而仿佛"不喜欢"，但这是假象，一定要看穿它。比如现阶段的你不擅长公众演讲，有这种机会你就感到紧张，想躲避，所以让自己误以为自己不喜欢。实际上，你在看到别人有感染力的公众演讲时是很羡慕的，同时幻想自己有一天成为这样的人。那么这项能力，就应该属于你"喜欢"的能力。

把你所有的能力根据水平高低及是否喜欢分别列在如图1-6所示的四个象限中。

图1-6　用"擅长能力四象限"寻找解决策略

四个区域的能力管理策略分别如下。

优势发展：核心区的能力是"个人能力标签"。这部分的能力一方面需要你不断地聚焦、精进，确保它具有竞争性；另一方面需要你主动表现、刻意传播，让其成为你的个人品牌和标签，具有鲜明的代表性。这样，这个核心区的能力就能源源不断地给你带来各种机会与资源。

保守留用：这部分能力是你过去就拥有的能力，你已经完全掌握，是你在生存阶段被迫锻炼起来的。这是你的基础保障，万一失业了你还可以凭借它有一些收入。

专注提升：这部分能力往往会是你希望自己未来掌握的很优秀的能力。针对这类能力，最关键的策略是加大投入、刻意学习。我建议使用三三三策略，即在这个象限中识别出三个你认为在未来三个月最需要提升的能力，制定三个提升步骤，然后落地实施，并不断进行自我检验和反馈，从而稳步提升。比如，你对演讲和视觉化表达很感兴趣，但是现在自身能力不足，那么你要接纳自己现在的状态，然后投入时间和精力去学习，经常练习这个技能，以求变得熟练。

授权合作：这部分是你的兴趣和能力的短板，要正视自己在这方面的不足，并刻意回避它。回避的具体方式包括将事情授权给他人和与他人合作，善用别人在这些方面的优势能力，共同受益。

## ›› 第五节

## 自我认知敏锐度：
### 洞察自我、清楚地了解自身的优劣势，高效工作

自我认知敏锐度是学习敏锐度中的一个重要维度，指一个人能够洞察自我，清楚地了解自身的优势和劣势，清除盲点，并利用这些信息高效工作的程度。拥有较高自我认知水平的人拥有个人见解，清楚自身存在的缺点，不受自身盲点所限，并运用这些知识有效行事。

从光辉国际的解读及相关文献中提到的观点来看，自我认知敏锐度有五个层次，分别是个人学习、反馈导向、自我反思、情绪管理和自我洞察（见图 1-7）。

个人学习：个人学习者认为自己处在不断进步的过程中，他们关注自我提升的过程而非明确的完美终点。每次经历都是他们学习的机会。

反馈导向：以反馈为导向的人寻求来自各方面的反馈，并依据反馈采取行动。他们从容地作出个人改变，并且将批评视为有用的建议。

自我反思：培养反思的习惯需要时间、空间，以及对检验思想、感觉和行动的渴望。自我反思者能够理解他们的经历、从中吸取教训，并且对未来做出调整。

　　**情绪管理**：一个善于情绪管理的人能够理解和管理他们的情绪触点，这使他们在高压情境下能够保持沉着冷静，并保持积极主动的心态。

　　**自我洞察**：不了解自身优缺点的人会倾向于高估自己，拥有自我洞察可以帮助他们更好地发挥优势、弥补不足。

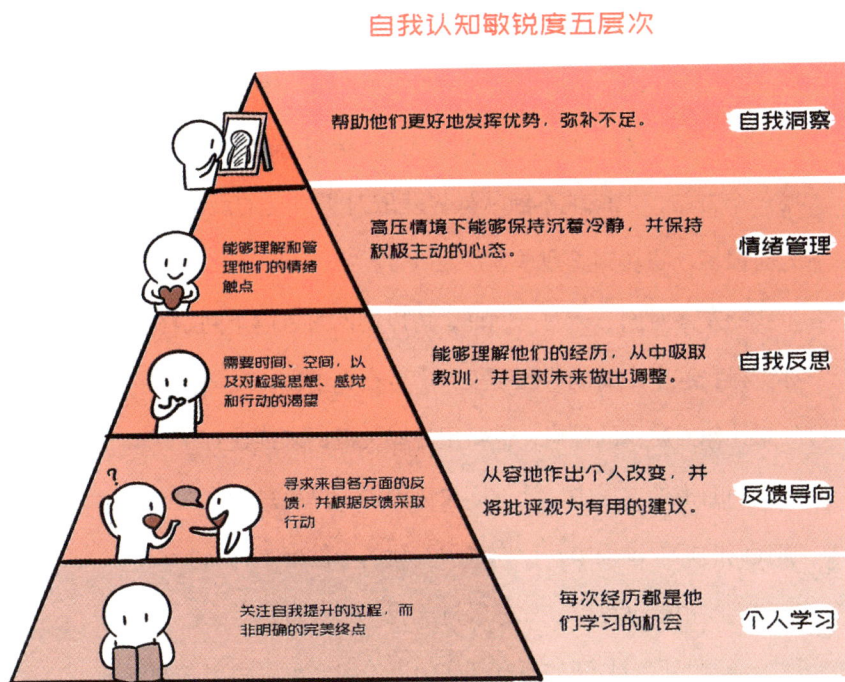

图 1-7　自我认知敏锐度的五个层次

　　在个人职业发展层面，自我认知敏锐度的培养目标是获得较高自我认知，具体的行为表现如下：

　　1.心胸开阔、思维开放；

　　2.有较好的自我觉察；

3. 开放、积极地面对他人的反馈；

4. 注重持续不断的自我完善。

你可以通过洞察自我了解你的自我认知敏锐度水平，你可以多去观察、复盘自己解决问题的方式、思路，思考自己遇到不同情况的情绪反应，做价值追求梳理、自身优劣势甄别，多听取别人的反馈以排查思维盲点，等等。你可以通过一些问题和例子来观察自己如何从经验中获得学习和成长的机会、回应反馈、考虑不同的情况、形成自我洞察并理解自己对他人的影响。

如何提升自我认知呢？向大家介绍我总结的两大方法。

第一个方法，坦诚地不断从外界获取对于自己的反馈。获取外界反馈的方式有很多，我在这里列举3种。

1. 找朋友面对面、一对一问询，可以询问对方以下问题。

你觉得我这个人的优势在哪里？劣势在哪里？

如果让你描述我的性格，你将用哪些关键词来描述？

在我们的相处过程中，让你印象最深的一件事是什么？

在我们的相处过程中，让你最欣赏我的一件事是什么？

在我们的相处过程中，让你最讨厌我的一件事是什么？

你听到周围我们共同的朋友都如何评价我？可以列出关键词。

你觉得我未来的发展方向在哪里？

2. 找比你"高阶"的职场人士或朋友，比如你的领导，让他们针对你的性格、能力、绩效、团队合作等，从方方面面给你反馈。

认清你和优秀之间的差距及改进方向。

3. 在朋友圈发问卷，让好友们来"测评"，你可以获得一定数量的统计结果。

第二个方法，定期进行自我反思与总结。复盘反思是很好的自我成长方法，我后面还会有具体分享职场中的复盘策略与方法，这里仅从自我认知的角度教给大家两个好习惯。

1. 定期记录自己对不同事情的解决策略、思考路径、灵感等，回顾自己在处理各种事情、得到好的或坏的结果的过程中，都做了哪些思考与判断，采取了哪些行动，分析这些思考、行动与结果的关联性。

2. 定期回顾自己的复盘，合并"同类项"，对有好结果的事情的处理过程中的类似思考、行为等进行总结与提炼，不断优化并明晰自己的优劣势和成长点。

自我认知是学习敏锐度的关键要素之一，也比较难掌握，有时身处其中反而当局者迷，客观地剖析自己本身也不是容易的事情，但我们可以通过刻意练习逐渐拥有较高的自我认知水平。

本章中介绍的个人优势发掘、人职匹配模型、差异化优势分析、能力矩阵、用于分析自我的提问法，都是在帮你提升自我认知敏锐度，让你对自己的能力和未来发展的可能性（也就是潜力）有更清晰的认知。

良好的自我认知敏锐度，会让你的职业和人生的发展加速。了解自己的优劣势，知道自己的边界所在，知道自己在哪些方面还需要成长，从而不断迭代、更新，才有可能在更大范围内发挥能力、提升影响力。

第二章

# 心智敏锐度——
# 成长就是能坦然接受复杂

## >> 第一节

## 优劣势分析：
### 刚进入一家新公司，如何打造个人品牌

一个人其实就是一个品牌。我们在说谁是一个什么样的人时，等于在用一些标签式的形容词描述其特点。所以要有意识地打造自己的职场标签，这样才能在职场中脱颖而出，被人记住。

每个人都希望根据自己的天赋与优势来发展职业，用一句话来概括：在某个细分领域识别差异化优势，这个优势要与你内心的热情一致，能给你带来价值。努力把这个优势打造成你的标签。

### 个人品牌让你在职场中脱颖而出

在职场中不论是脱颖而出，还是变得不可替代，都需要专业度和时间积累。时间积累的公式是：成功 = 技能一专多能 + 适时抓住展现机会。也就是说，做一个在关键时刻敢于"露脸"的"T"形人才（见图2-1）。

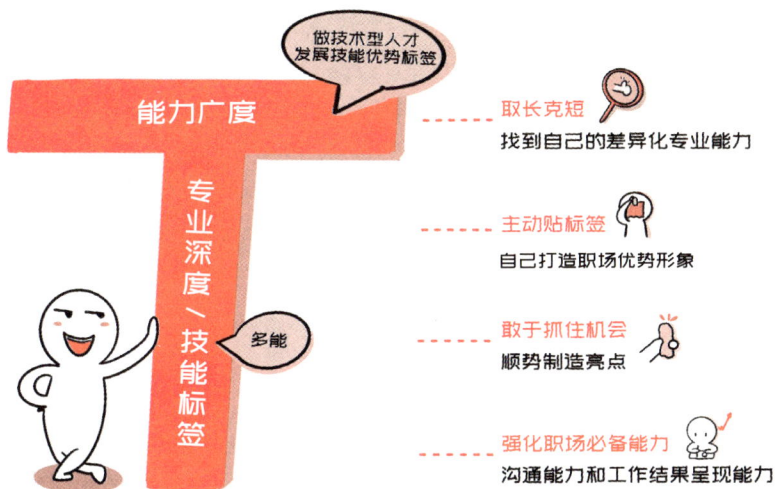

图 2-1 "T" 形人才

"T" 的竖线代表专业深度 / 技能标签，横线代表能力广度。

专业深度 / 技能标签表现为两点。

第一，典型的具有专业深度的人是指技术型人才，他们有专业优势、相关资质证书，并在一个领域内深耕多年。在职业发展早期，刻意学习和练习专业技术岗位的技能非常重要。

第二，除了做个技术型人才，你还可以在优势领域发展技能标签。比如，你的标签可以是执行力强、演讲汇报能力佳、项目管理能力强，甚至是 PPT 做得好、Excel 用得好等。总之，你要有至少三个技能高于团队平均水平，这是你的长板。这些技能可以通过第一章讲到的有关个人能力发展的重要且紧急矩阵图进行发掘和培养。

能力广度表现为：如果想缩短时间长度，有更高的职业高度，那么就一定离不开"多能"。除了前面提到的至少发展三种优势技能，你的其他能力也至少要保持在平均水平，尤其是沟通表达能力、写作能力、产品思维能力、商业思维能力等这些通用能力，夯实"T"的那一横。

我们来学习与这两个维度的发展相关的四大关键能力。

1.学会扬长避短，打造自己的差异化专业优势。如果你是一匹千里马，想脱颖而出让伯乐看到你，你就要塑造自己的能力为差异化优势。

一名职场新晋员工，通常会分为以下几类。

优秀员工：学习能力强、容错率高、可塑性强、专业性强。

普通员工：能合理安排时间、工作有激情。

职场小白：不懂规矩、效率低下。

一名有些职场经验的中年员工，通常会分为以下几类。

优秀员工：可靠、稳重、经验丰富、不时创新、专业性强。

普通员工：循规蹈矩、按部就班、有一定的风险预估能力、能独当一面。

"混日子"员工：麻木、懒惰、油滑、不思进取、得过且过。

专业性强是优秀员工的统一特质。不管新晋员工还是中年员工，每家公司都希望发展有经验、有潜力、有专业能力的员工。所以想要脱颖而出，就要找到自己喜欢且擅长的关键能力点，不断精进，将其打造成自己的差异化优势。

2.主动贴标签，自己打造职场的优势形象。你不主动给自己贴标签，别人也会毫不客气地把标签贴到你身上。我们提到某个人时说他是怎么样的，实际上就在描述我们心中对方身上的标签。

职场新人通过自身努力就能高效摘得的标签，可能是勤奋上进、好学聪慧、有培养潜力等这种新人专属的正面标签。

有一定资历的职场人士通过自身努力可以有效摘得的标签，可能是经验丰富、有创新思维、善于解决问题、可靠、值得信赖等。你要锻炼自己的这些品质并在工作过程中适时地表现出来。

你要找到自己喜欢、希望别人认可的职场技能标签，并在日常工作中不断强化，在实践中不断学习总结，时时处处塑造自己专注于某几个技能标签的职场形象。时间久了，你的特点就会得到呈现，大家也就记住、认可你了。

3. 敢于抓住机会，顺势制造亮点。职场人需要利用一些机会展现自己。这种展现不一定是刻意的，表现欲太强很容易对别人造成威胁，初入职场的年轻人尤其不该这样。但是，表现欲不要太强，并不意味着完全不表现，也不是让你在开会时躲在后面一言不发，那样对你的职业发展一点用处都没有。只有通过一些机会争取更多的关注和认可，才能让你脱颖而出。

举个例子，在大家一起开会讨论项目的过程中，你可以提前做些功课，找机会发表自己的见解，用积极参与讨论的形式与大家进行专业交流，让自己的声音被听到，成为值得被关注的对象之一。在公司开会、培训时，不要总躲在后面，适时到前排就座，通过眼神交流、积极互动等方式给他人留下良好的印象，增加自己被关注、被提问、被允许发言的机会。如果刚好有机会让你进行一次简短的工作汇报或工作成果展示，不要不自信地推辞，勇敢地抓住这个机会，好好准备，一定要在内容准备上做到至少有一个与以前不一样的亮点，借此引发他人的肯定和关注。准备时的重点是尽量少而精，讲得清晰、精彩比讲得全面要重要得多。年轻人更是不要贪多求全。

4. 无论处于什么岗位，都要强化沟通能力和工作结果呈现能力。不论你对自己的差异化优势的定位是什么，你希望自己身上带有的标签是什么，你想抓住的机会是什么，沟通能力和工作结果呈现能力都是职场人士的必备能力。

在多种场景中都会用到沟通能力。

项目协作或跨部门协作时，你需要与多方进行协调、沟通，优秀的沟通能力可以为你带来良好的人际关系和高超的工作效率。

工作汇报时，你需要与上级进行时机正确、氛围良好、频率适度的沟通，用这种方式不断深入你的上级领导对你的认知，强化你在对方心目中的积极标签，等等。

多种场景都会用到工作结果呈现能力。

项目完成后团队复盘的过程中，好的结果呈现能力让你的努力被大家认可。

公司评估绩效时，好的结果呈现能力、报告能力让你的绩效被关注和认可。

对外与客户交流时，你对项目和项目结果的呈现能力，让客户认可你的方案，进而达成合作。

## 动态分析岗位需求与自我能力，弥补差距

时刻关注个人能力、自我需求、岗位要求、岗位回馈这四个维度（见图2-2）。要想在职场上脱颖而出，过硬的本领和适时的表现缺一不可。你要不断展现出你的能力与当下的岗位要求是多么的匹配。

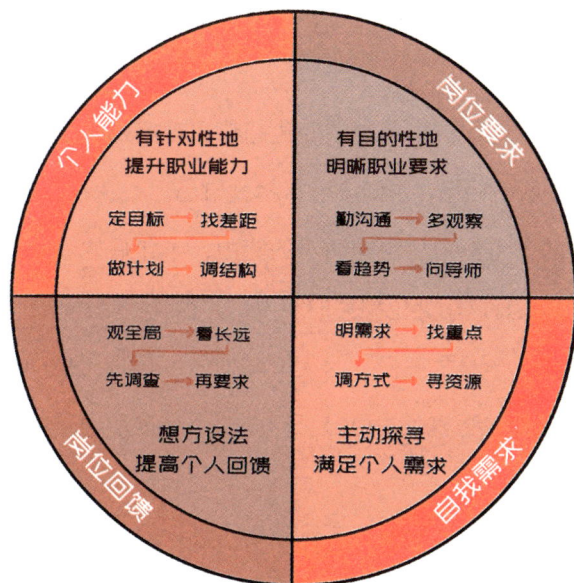

图 2-2　个人职业发展需要关注的四个维度

这四个维度是个人在职业发展过程中必须考虑的。我之前的一个咨询学员琳达通过跳槽从一名一线执行人员变为一名主管，之后一度深感挫败。其实她对自身能力的认知是很清晰的：活动策划力、沟通能力、执行能力都是她的核心竞争力，也是她竞聘的资本。但是当她真正成为一个市场部主管时，她好像并不了解企业对一个市场部主管的能力要求。入职后，她发现自己每次述职都在告诉其他人，她在营销方面的业务能力有多强，但是并没有呈现出市场部主管需要的能力，管理层和其他负责考评的同事无法评估她的能力，也就没有给她晋升的机会。

后来她来向我咨询，我给她做了一套提升计划，具体如下。

了解信息：与上司和 HR 正式沟通，明确市场部主管的岗位要求。

**评估差距**：对比自己的能力和目标岗位所需能力之间的差距，制定能力提升计划。

**弥补差距**：时刻关注企业内的变化趋势，观察那些获得晋升的同事身上都有哪些可借鉴的信息，不断学习，精进自己。

凭借优秀的学习能力和快速调整的能力，半年后她就有针对性地提升了自己与市场部主管这个岗位相关的能力，并得到了公司和同事的认可。

表 2-1 用我的学员的案例，为大家呈现如何根据岗位的要求和自己的需求进行自我提升与调整，并列出了针对四个维度所做的四种调试方案作为参考。

职业发展的道路有千万条，选择和努力同样重要，针对岗位的明确要求有目的地进行提升，才会让你事半功倍，将好钢用在刀刃上。愿所有人都能找到自己热爱的方向，成为一个能为自己兴趣而工作，并且能实现内心自由的人。

表2-1 将个人能力与岗位要求相匹配

| 维度 | 个人能力 | 岗位要求 | 自我需求 | 岗位回馈 |
|---|---|---|---|---|
| 方案 | 有针对性地提升自己职业能力 | 有目的地明晰职业要求 | 主动探寻满足个人需求 | 想方设法提高个人回馈 |
| 操作步骤 | > 定目标：设定本阶段自己可以达成的恰当目标<br>> 找差距：通过明确岗位要求，列出自己和岗位要求的能力差距<br>> 做计划：制定清晰的阶段性能力提升计划<br>> 调结构：通过能力卡片，调整自己的能力结构 | > 勤沟通：通过与上司和同事的沟通，清晰地了解岗位的具体要求<br>> 多观察：多关注自己以前没有关注过的岗位要求，尤其是隐性要求<br>> 看趋势：时刻关注企业和职业的变化趋势，时刻做准备<br>> 问导师：尽量寻找优秀者做职业导师，多些咨询，少走弯路 | > 明需求：系统探索职业价值观，系统了解自己对职业的需求<br>> 找重点：清楚本阶段自己需要满足的2-3个最核心的需求<br>> 调方式：主动调整工作状态，找到当满足需求的方式<br>> 寻资源：调动自我和企业资源，探索更好地满足自我的可能 | > 观全局：以职业回馈整体（钱、发展空间、情感、平衡等）来计算收益<br>> 看长远：看到本岗位未来可能带来的职业回馈<br>> 先调查：通过职业平均水平、自我身价评估<br>> 再要求：向企业合理地提出新的待遇要求 |
| 举例 | 小美是心理学专业的研三学生，她想进入M单位做咨询专家，但是缺乏相关经验，建议她进行如下操作。<br>①先设定一个让自己不那么焦虑的目标，大四实习期间，先去实习积累相关经验。<br>②了解M单位培训专员的岗位要求，列出自己和岗位的能力差距都有哪些。<br>③通过了解咨询专家卡片四个区域的能力发现，根据自己的能力发掘如何发挥自己的优势，经过自己的努力，先把优势发挥到极致，然后反过来弥补劣势。<br>④根据自己的功课，制定能力提升计划。<br>一年后小美毕业，成功进入M单位做咨询专员。 | 小涛是公司医学部的沟通专员。工作一年多了，可是对工作仍有些不适应，总觉得领导对自己的工作时而不满意，司觉得领导对自己的工作太多了，是不是能力不足呢？带着这个疑问，他找到了公司的HR辅导员寻求帮助。HR辅导员通过和他沟通发现，他做的事情专业需求不够。针对这个情况，HR辅导员给他留了四个作业。<br>①主动多与领导和同事沟通，看自己对岗位要求是不是还有哪些不理解，岗位要求的隐性要求，比如公司对企业文化是不是要求大家多在会议上表达观点，还不是闷头做自己的事情。<br>③关注企业和职业的变化趋势，自己立即跟着做调整，一旦工作要求有调整。<br>②在公司内找一个优秀的人做你的导师，定期沟通并学习对方的工作方法等，少走弯路。<br>小涛当听从了HR辅导员的建议，每一条都很细心地去完成，两个月后，同事都能感受到了他的成长变化。 | 小端在一家MNC公司做销售，工资很高，公司也很不错，但她总是感觉缺少了点什么。她找到职业咨询师进行沟通。咨询师发现她其实是因为不知道自己想要什么而导致情绪不高。咨询师首先通过探索她的职业价值观、助人，了解到她看重的是追求新意，但是目前销售工作的重复和琐碎性让她变得很疲惫。咨询师给了她一些建议："换个角度看待你的工作，你的工作是有助人性质的，这样会让你感觉好很多。同时，调动你和公司的资源，看看是否能够转到自己感兴趣的岗位。"三个月后，小端成功进入了市场部。 | 小森是一家教育机构的培训主管，最近这段时间他感觉自己的付出与收获总不成正比，发现是个人回馈这方面出现了问题，于是他先从全局的角度看了一下现状，发现疫情期间在线课程的量显著增加，而公司目前在行业平均水平，但是这个岗位还有去做培训导师的机会，综合考虑，他决定去和领导聊聊，提出新的待遇要求和发展想法。 |

## >> 第二节

# 无压工作：

## 识别、分类、重要紧急排序

到了新公司后我特别开心，同时也特别忙，有段时间我感觉自己快喘不过气来了。那时不仅需要在公司办公室过夜，而且个人精力和意志力被无限占用，感觉没有结束的时候。混乱中特别容易出错，最关键的是我每天都把自己弄得筋疲力尽，长久下去肯定会出更大问题。

如果身处普通职位的你总是感觉自己怎么比公司总经理还忙，一天到晚忙得几乎透不过气，那一定是你的工作方法出了问题。怎样才能做好工作还能气定神闲呢？为此我开始深入审视自己的时间安排和工作安排。用了这些好的方法后，我真的彻底实现了工作效率翻倍、业余时间翻倍。我还把这些方法开发成一系列的"精力管理、时间管理"课程，帮助很多学员解决了"忙、乱、累"问题。

## 对工作进行科学分类和处理

我们来看一个案例，看看小美的一天是怎么过的。

早晨抵达公司后，打开电脑看到堆积的邮件，小美瞬间"心累"。翻开邮箱扫了一遍，先把最容易处理的问题回复了。剩下的邮件小美发现一时似乎解决不了，就暂时搁置，一看时间一小时过去了，她决定休息一会儿。之后，小美发现自己在微信群里被 @ 了好几次，她挑了简单的问题回复，难的问题不知道该怎么回复，就搁置了，她刷了一会儿朋友圈和抖音。一小时后电话响了，小美接起来很快就开始与对方聊项目过程中的"槽点"。转眼到了中午，小美象征性地打开需要做的项目策划 PPT，刚写了几句"纲要"就被同事拉着吃饭去了。午饭后开始跨部门开会，PPT 一直打开放在那里。

已经晚上 8 点多了，小美还在办公室加班，焦头烂额地处理一堆表格，手机中微信不停地闪烁，朋友催促她快点下班一起去吃饭。结果她打开邮箱，显示还有十几封未处理的邮件，最后期限都是今天或最晚明天。

一天过去了，小美觉得自己好忙，却发现老板要的最重要的策划书和上周的项目汇总都没有写。就这样，小美过完了"看似充实、忙碌，实则低效、拖沓"的一天。第二天又因前一天的拖沓恶性循环，小美感觉自己每天都没有闲着，工作成果却不尽如人意，情绪濒临崩溃。

小美的问题如下。

每天都下意识地让自己的大脑对将要处理的工作进行"难易程度排序"而不是"重要紧急排序"。她的潜意识"始终"在挑选那些容易、不需要太费脑筋、不需要太专注就可以完成的工作，这些工作充斥了她每天的时间，尤其是上午非常宝贵的专注工作时间。这导致她在面对非常重要且必须做的工作时，已经没有保持专注的意志力了。这在客观上造成小美对真正重要的工作内容的"逃避"。而这些"工作债"小美迟早要"还"，积压久了小美就开始焦虑。

正确的做法如下。

早晨来到公司，忍住回复简单邮件和工作微信群消息的冲动，先浏览所有未处理邮件，按照本月、本周的工作重点排出优先级，在上午的黄金时段重点处理比较难、费时间、必须做的重大工作事项。哪怕一上午只完成一半，也是好的。第二天上午可以接着处理这项工作。

当天下午可以集中 1~2 小时，在注意力不那么集中的时段，集中回复简单、琐碎的工作内容。这样，一天下来，小美既有处理重要工作的高效专注时间，也有应对不重要的琐碎工作的较低效时间，这样她就不会因拖延重要事情和临近最后期限了才赶工，导致工作质量下降。日积月累，小美的工作效果会越来越好。

同时，对于事情的重要紧急排序，小美听了我的如下建议，效率得到大幅提升。

要想每天都从容不迫、没有压力地工作，最重要的是养成快速分类处理工作的习惯。这个习惯一定要借助日程表来完成。简单来说，工作可以分为以下四类。

第一类，任何 2 分钟内能解决的事情，现在立刻去做。例如，快速回复一封邮件说确认，快速回复一条微信说没问题，或者快速打一个电话交代某件事情，等等。这类事情不必记录在日程表中。

第二类，任何不能马上完成，需要与别人协作、对接、沟通才能处理的事情，安排在某个集中的时间段处理。例如，跨部门的一些沟通，与团队成员跟进项目、了解项目进展，向他人寻求帮助，等等。如果这些事情一时无法解决，就安排在当天某个的时间段解决，比如在当天或第二天下午 2~3 时拿出 1 小时，列出需要和别人检查、跟进的事项，逐一细致确认并记录结果。

第三类，任何不能马上完成、需要自己专心去做的一次性任务，安排在某个集中的时间段完成。比如写一份项目策划书，做一次工作汇报 PPT，进行产品创意设计等，如果预估需要 2 小时完成，可以在日程表里安排好，比如安排到当天下午 3~5 时。这段时间将手机静音扣放，邮箱设为免打扰，找个安静的会议室，专心完成这些任务。你可以使用番茄工作法，设置半小时为一个番茄钟，专注工作 25 分钟后短暂休息 5 分钟，之后再进入下一个番茄钟。

第四类，任何不能马上完成、需要长期投入和跟进的任务，分解成小的任务块，然后按照上面三种分类方法处理每个小任务块。

这套分类方法最大的好处，是可以让你的大脑清晰地识别不同类型的任务，做到井然有序，并且有足够高质量的专注时间去工作。学会之后，你的工作效率会显著提高。

所以，要想把自己训练成一个能够"毫无压力"地应对高强度工作的职场人，你一定要学会有策略地安排和应对任务，而事情的重要紧急排序绝对值得你每天投入精力和时间去思考。

史蒂芬·柯维在他的著作《高效能人士的七个习惯》里提出了"要事第一"这个习惯。要想提高工作效率，首先要把事情按重要性和紧急程度分成"重要 / 不紧急、重要 / 紧急、不重要 / 紧急、不重要 / 不紧急"这四类（见图 2-3）。然后，每天需要用大部分的时间来做那些"重要 + 不紧急"或"重要 + 紧急"的任务，如此日积月累，"紧急"的任务就会越来越少，而"不重要"的任务则可以授权给他人或直接从任务清单中删除，这样你的效率就会大幅提升！

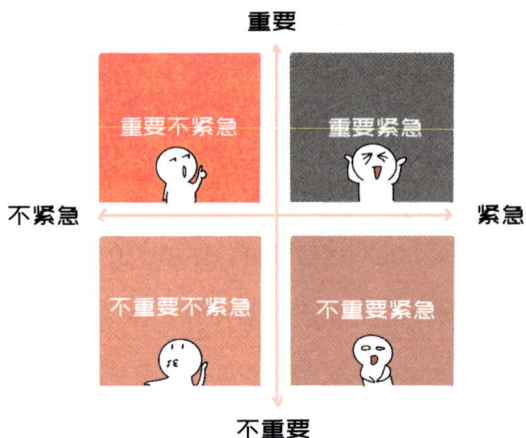

图 2-3　重要紧急矩阵图

　　先判断哪些是重要的事情。那些对未来影响更深、更远的事情，对其他任务有巨大影响的事情，具有复利效应的事情，都属于重要的事情。你可能听过很多关于职场任务的总结、分析和应对方式，在我看来，有 3 类任务是非常具有战略价值的，持续挑选出它们并始终致力于把它们做好，对你的长期复利成长会非常有价值。你需要把它们从众多任务中挑选出来重点对待，让它们成为你每天的工作重心，具体怎么识别和挑选它们会在本章第四节进行分享。

　　识别出重要任务之后，可以应用"重要紧急矩阵图"精简并管理自己的任务，聚焦注意力。

　　这里要强调一下，同时进行着多个程序，齐头并进、多线程处理工作的方式，并不是"高效"的表现，这种方式会让你的大脑在不同的任务之间来回切换，非常消耗注意力和意志力。长此以往，还会造成专注力下降、专注持续时间短、无法深度思考等问题。大脑的注意力在同一时刻只能聚焦在一项任务上。因此，即使要处理多个任务，也要一件一件去做。任务再多，也需要排列成一个有序队列逐一专心执行，这样才能实现效率最大化。只有专注才能带来持续的复利积累。

具体可以有如下操作。

1.梳理任务顺序。想让任务变得有序，首先要熟练地对任务进行分类管理。大家有兴趣可以去读著名时间管理大师戴维·艾伦（David Allen）的著作《搞定：无压工作的艺术》（*Getting Things Done*），书中提出的一套"移动硬盘"式的任务管理方法十分好用。

2.列出任务清单。我通常用表格做自己的任务列表管理，分类记录事情，具体的操作方法是在一个表格（每周管理）与日程表（每日管理）中，按照事情的重要紧急象限为其标注不同颜色。表格的表头可以设计为：事件、重要性排序、紧急性排序、时间表、进展。重要紧急性可以用不同颜色来标注，这样一目了然。每周、每月都整理更新一次表格，必要时甚至每天更新一次。重点是重新梳理重要紧急排序，把握进度。

3.使用日程表安排每日事项。每天早晨做计划，每天下午做复盘。做计划的重点是对事情进行分类、预估具体的完成时间，并将其列入当天的日程。

可以参考表 2-2 进行每日工作安排。

按顺序逐个专心完成任务清单上的事项，会立竿见影地提升效率，这项技能是每个职场人必须学会并熟练运用的。同时，注意在每天下班前进行复盘，复盘的重点是审视当天的进度，评估自己预估的完成时间的合理性，以便优化第二天的日程表。

表 2-2　每日工作安排示例

| 任务 | 当日任务目标 | 需要协调的资源 / 合作的人 | 预计完成时长 | 具体哪个时间段去做 | 具体怎么做 | 备注 |
|---|---|---|---|---|---|---|
| 一 | 写一份市场推广计划，周五下班前完成 | 自己及市场调研组 | 2 小时 | 下午2：00~3：30 | 分三步：列出PPT故事线；画出思维导读大纲；做PPT | 今天先列出故事线，细节内容明天补充 |
| 二 | 广告推广项目跟进，每周定期跟进 | 其他两位项目成员 | 半小时 | 中午11：00~12：30在微信群 | 在微信群中询问进度，对照审核表查看是否达到要求 | 重点关注没达到进度的环节，做跟进计划 |
| 三 | 给客户打电话 | 自己一个人完成 | 10 分钟 | 下午5：30~6：00 | 常规电话跟进，询问客户的使用体验 | 如果客户表示体验好，约定面谈拜访时间；如果客户表示体验不好，详细询问并记录问题，第二天及时反馈 |

## 做好时间和精力管理，在高精力时段使用专注策略

要充分利用高精力时段，专注于"主要任务"。

找到你一天中效率最高的时间段，比如大脑创造力、专注力最高的 2 段工作区（8~12 时；15~18 时），记忆力最强的 2 段学习区（6~9 时；20~22 时），把最重要的工作及学习任务安排在这段时间内，逐件专注执行。你要注意以下几点操作（见图 2-4）。

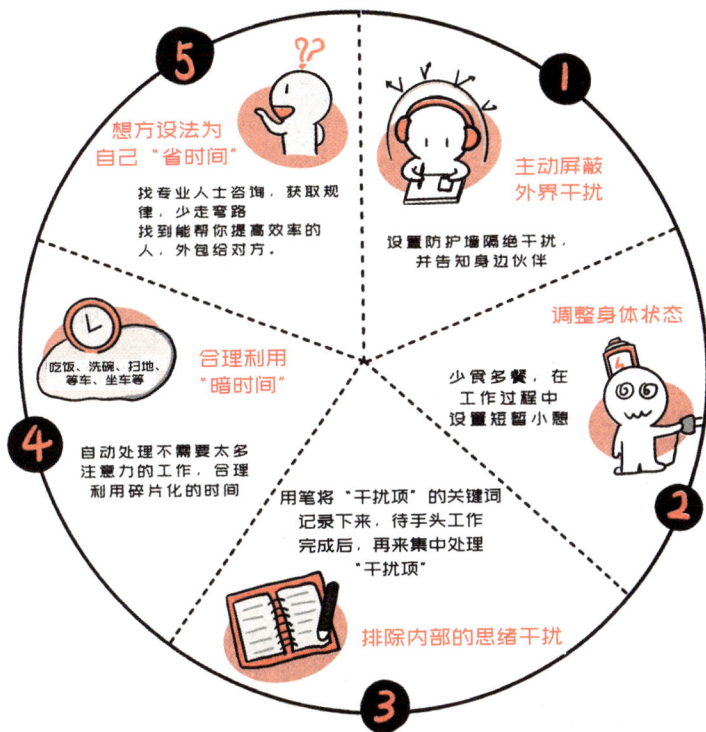

图 2-4　让你专注于"主要任务"的五个方法

**1. 主动屏蔽外界干扰。** 专注力从 0 到 1 的冷启动，非常消耗意志力，一旦被打断，想要再次进入会非常困难，效率也必然大打折扣。因此你需要为这段时间设置防护墙。建议你关闭一切通知类的提醒，带上降噪耳机，与外界隔绝。并且，让身边的伙伴在这段时间内不要打扰你，有事之后再说。创造不受打扰的环境，让自己保持专注。

**2. 调整身体状态。** 注意力就像手机电池，一天能用的总量固定，为了让自己全天都能有电，你要做好电池管理，充电、省电合理搭配，比如你可以：

少食多餐，保持血糖稳定，让大脑始终供血、供氧充足，思维活跃；在工作过程中设置短暂的小憩，比如专注工作 1 小时，休息 5~10 分钟。

注意：休息时不能做刷朋友圈等占据你注意力的事，应该做能让你放空大脑、休息眼睛的事，比如发呆、冥想、眺望远方、去茶水间喝茶、听轻音乐、闭目养神等。

3. 排除内部的思绪干扰。当大脑中有一些未处理事项或情绪不自觉地跳出来干扰你时，快速用笔将"干扰项"的关键词记录下来。通过这个记录过程，将事件从大脑中清除，这样等于在用"外部存储器"——便签，暂时存储那些等待解决的问题（同样也可以用这个方法平复情绪）。快速记录完后，立刻回到专注于当下的状态。等手头工作完成之后，再集中处理那些"干扰项"。

4. 合理利用"暗时间"。每天我们的大脑处在"自动驾驶"状态的时间非常非常多，这些时间也被称为暗时间，用于完成吃饭、刷碗、扫地、等车、坐车、洗澡、刷牙、上厕所等简单任务。完成这些任务不需要太多思考和注意力。在这些时间段内你的大脑完全可以"腾出来"做其他事。比如：

可以一边坐地铁，一边回复简单的邮件，用微信处理与同事协作完成的任务；

可以一边吃午饭，一边听一门音频课程；

可以一边洗碗筷，一边把明天会议中要提出的方案在大脑中回顾一遍；

可以一边上厕所，一边发微博或朋友圈，或者问候朋友，与朋友保持联系，给你们的"情感账户"存上一笔。

把这些碎片化的时间利用起来，你的效率又能上升一个大台阶。

5. 想方设法为自己"省时间"。你可以找专业人士咨询，获取规律，少走弯路。比如你想发展副业，但一时又找不到合适的副业，那么你除了自己花时间试错，还可以咨询专家，"购买"他们的经验技巧，节约用于摸索的时间。

你还可以找能帮你提高效率的人，把工作"外包"给对方。比如，这两天你需要一份近半年该疾病领域所有生物制剂产品的疗效的数据分析，这份资料能帮助你做一个重大决定，但做这件事估计需要 2 天时间，耗时漫长并且你有更重要的其他事要做，此时你就可以把这个任务交给其他人，"购买"对方的时间，提高你的整体效率。

总之，每天留出足够的专注工作时间，按照梳理出来的重要紧急排序逐个完成工作，不用一个月，你就会感到效率和产量大大提高，成就感和掌控感也会随之增加。

## >> 第三节

## 等待机会：
### 寻找岗位胜任力模型，制定个人才能手册

每个人在职业发展过程中都会有一些"空闲期"，此时正适合进行深入思考。在第二家公司工作时，随着我的任务处理能力和时间管理能力越来越强，加上离新产品上市还有一段时间，工作量并不大，因此我可以有些空闲时间了。如果效率够高，我基本每天都能省出 2 小时，这些时间用来做点什么好呢？

我做了三件事。

第一件，提升自己某几个具体的可迁移的能力，比如沟通、表达能力，为未来的职业发展做好准备。

第二件，制定自己的个人才能手册，并进行"无需求面试"，时刻准备迎接新机会。

第三件，探索、学习与副业相关的知识与技能，为日后发展副业做准备。

关于第三件事发展副业，其与人生整体规划相关，限于本书的篇幅，这里不做过多阐述。本节重点与大家分享在职业"空闲期"，我的第一和第

二件事是怎么做的，如何抓住空闲期精进个人能力。

## 空闲期"表达"锻炼不能闲：
## 在衣食住行中锻炼思考与表达能力

除了提升业务能力，我在工作中发现自己的沟通、表达能力也需要进一步提高，因为那时经常需要带领团队在会议上发言，所以我的输出和表达需要更有结构性，怎么才能快速锻炼出相关能力呢？我曾经在"社交平台"上分享过一套点赞数很高的训练方法，这里整理出来，分享给大家。

表达能力需要刻意练习，如何让自己不断刻意练习呢？衣食住行都是机会。你要能把一天睡觉之外的衣食住行等日常活动都"转变"成"表达"的机会，如果你做到了，等于你一天有十几小时都在锻炼思维和表达，那样你还会不厉害吗（见图2-5）？

图2-5　两个步骤刻意练习你的思维和表达

第一步：建立意识，把工作生活中的每一次沟通、自己说的每一句话都当作表达的机会。每次只要自己开口，不管和什么人、说什么话，哪怕是特别简单地与朋友聊天、去店里购物等，都当作表达的机会，有意识地要求自己尽量条理清晰、逻辑清楚地把自己要表达的内容说出来。哪怕是和朋友聊一个很简单的事情，看了一则新闻想与别人分享。

说之前先想一想怎么说、说哪些话，哪些词能充分体现自己的想法、观点、感受，怎么说最清楚。总之，只要张口说话，你就把它当作一次"锻炼表达"的机会，有意识地训练自己。

第二步：用"金字塔结构"说出来（见图2-6）。

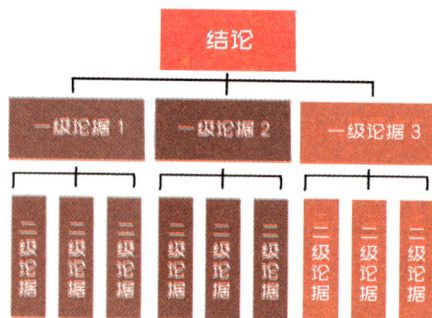

图2-6　金字塔结构

从图中可以看到，表达时要先说结论，再说支撑结论的几个论据，可以按照具体要表达的事情，根据时间、空间、人物关系、重要性或不同维度等对论据进行排序。说完一级论据，如果对方还有问题，再补充说明二级论据。

可以从简单的事情开始训练。比如，你想给朋友分享一则关于某种疾病治疗领域新进展的新闻，以往是直接发链接，一句话都不说让对方点开链接看。最多说一句：看，某领域有新进展了。而现在，为了创造机会锻炼你的表达能力，你可以在给朋友发链接的同时附上自己的解读，用 4~5 句话，按金字塔结构表达清楚。

第 1 句，总结论：

发表在某媒体上的这篇文章显示，某疾病的治疗有新进展了，一种新的药物有可能成为治疗这类疾病的潜力股。

第 2~4 句，分论据（解释你的结论）：

这是一个被研制用于某疾病的新药，临床前动物试验数据显示此药疗效较好；

这篇文章阐述了该药物用在临床上多少个病例的试验研究，证实这类药物对人体的疗效也是值得肯定的。

当然，长期的关于安全性的数据，有待进一步临床研究观察。

这样的结构化表达，让外行也能听懂。因为你把新闻按逻辑进行了拆解，朋友不用打开这个链接就可以了解核心信息。对信息进行归纳、总结和加工，方便别人快速接收，你的表达就是到位的。

你要抓住一切机会反复练习这种表达方式。刚开始也许有些痛苦，因为要改变以前的沟通方式，用全新的方式进行结构化表达，通过简短的几句话把信息说清楚。你需要先建立这种表达意识，进而养成这种表达习惯。

当你的大脑习惯了这种表达方式后，你会惊喜地发现，周围人更愿意听你说话了，因为你讲什么都明白、清楚、简洁、有条理。

## 制定个人才能手册：无空岗招聘与无需求面试

相信很多人都有过这样的尴尬遭遇：觉得工作得很舒服时，没有找工作的想法，忽然有一天着急换工作了，却发现连做简历和准备面试的时间都没有，也没有时间深入反思、梳理过往，只能仓皇失措又跌跌撞撞地进入下一家公司。这显然不是理智的选择。

人力资源领域"无岗位招聘"一词，是指企业在还没有合适的岗位空出来时，可以先到人才市场上看一看，有哪些具有潜力的人才可以放在人才库里，未来需要时再去招聘，以提高效率。这就类似于我们在网上购物，看到一些感兴趣但是目前不急需的商品，先"收藏"，以后需要时直接下单。

同理可得，员工自己也可以进行同样的操作，我把它称为无需求面试。我们要把找工作面试"常态化"，不要等到需要找工作时才整理简历、准备面试，而要随时做好找工作和面试的准备。简单来说，可以每半年或每季度给自己一次投简历和面试的机会，这样做有以下两个好处。

第一，通过准备简历，让自己仔细梳理过去几个月的能力提升情况和学习成长点，这是一个提升自我认知的过程。

第二，通过高频面试锻炼思考和回答问题的能力。这样你会更加关注面试官提出的问题和提问的角度，复盘优势和劣势，为以后真正需要找工作时的面试做预演。

具体可以分三个步骤来梳理能力：列表、论证、选择标签。

第一步，列表。用表格列出在过去半年中，你对以下三个话题的思考。

1.习得了哪些新技能。

2.增长了哪些经验。

3.刷新了哪些认知。

在每个话题下面写出三点即可。如果觉得成长之处很多，那就挑出你认为成长得最快、最有价值的三点。

第二步，论证。根据每个话题列出的三点做一个 PPT，证明这个话题的"结论"。我在下文中以第一个话题为例说明 PPT 的逻辑结构。

1.过去半年我习得了快速写文案、当众演讲不怯场、快速检索有效信息这三项能力。

2.如果满分 100 分，我以前每项能力都不及格，现在我可以分别给自己打 75 分、80 分、90 分。

3.第一项能力，快速写文案。具体案例：哪年、哪月、哪日进行了什么样的操作或通过了什么样的考验，得到了什么样的好评，有哪些可量化的评估指标。比如这半年写了多少篇文章，有多少点赞、转发、点评、引用等。

4.第二项能力，当众演讲不怯场。具体案例：用某时、某地、具体人物的方法对案例进行描述性评价，同时添加可量化的评估指标。比如进行了几场当众演讲或工作汇报，获得的好评或奖项等，以此证明这个论点。

5.第三项能力，快速检索有效信息。具体案例，运用量化指标的方法和上几项类似，这里不再赘述。

第三步，选择标签。要在上述"论据"里根据能力选择一个"标签"，你可以询问周围人，看看他们对你这方面能力的反馈，是否觉得你有很大提升？如果是这样，那你就可以继续发展这个能力，同时"有意创造机会"表现这个能力，让其成为一个"标签"，加强别人对你这方面能力的认可。

那么，要用什么心态应对面试呢？很简单，就是把面试官当成练习对象，把面试结果当成可以提升自己的反馈。重点只关注对方问了什么问题，自己是怎么回答的，然后复盘，你可以问自己如下问题。

1. 自己的回答好在哪里，下次同类问题是否可以答得更有逻辑、更全面？

2. 自己的回答不好在哪里，应如何改善，以后可以怎样回答。

3. 去网上搜索类似问题的回答建议，提升自己在解决这类问题方面的框架思维能力和表达能力。慢慢地，这类问题就会成为你"擅长"解决的问题。

这一过程中具体要怎么应对面试呢？准备面试时需要有章法，有一个很好用的方法是应用 STAR 原则准备案例，证明你的能力。

S 代表 situation，即说明当时的情况是怎样的、困难是什么。

T 代表 target，即你的目标是什么、要解决的问题是什么。

A 代表 action，即你具体采取了什么行动、与什么人进行了合作。

R 代表 result，即你最后得到了什么结果。

把想在简历中表现的每个能力特质，都用一个 STAR 案例展现。你可以按 STAR 原则准备三个自己的真实案例，反复打磨案例直到能脱口而出。这三个案例各有侧重。

第一个案例，要能说明你身上最大的特质，比如执行力强、勤奋、有创意、合作度高等。

第二个案例，要能说明你所秉承的价值观，比如客户至上、效率第一等。

第三个案例，要能说明你身上曾经发生什么样的改变，比如以前得过且过，后来目标清晰、行动力强等。

这三个案例是让面试官不断追问"为什么"的素材，也会让其对你留下深刻印象。

举个例子，你想说明"我是个自控力很强的人"。那你可以对面试官说："过去一年，我努力提升自己的写作效率，通过在知乎写文章每天复盘，我要求自己每天至少输出 50 个字，我坚持了一年半，写作输出已成为我的一种习惯。"这是一个故事，而且很有说服力。这就是面试的章法。

职场中，千万不要只顾低头赶路，把自己埋在事务性的细碎工作中，那样会成长得非常慢。你要经常性地抬头望向远方，让自己有不一样的思路与视野。

>> 第四节

# 快速成长：
## 为提升个人核心技能加速的方法

我一直建议大家在工作和生活中养成从万事万物中发现规律、建立模型的思考习惯。我把一个人的学习成长方式总结为以下两种。

一是从自己的经验中学习，在接触和体验万事万物的过程中建立自己认识世界的认知模型，然后用这个模型理解世界、预测世界。也就是分为：经验、体验——归纳规律——建立认知模型——用认知模型理解世界——用认知模型预测未来、指导行动。

二是从他人的经验中学习，对他人的经验，即其模型代码，进行识别、建构，并通过刻意练习将这套代码植入自己的系统。

那么，该具体怎么做呢？

## 学会给自己换代码

人脑在某种意义上其实与电脑相似。如果以电脑为喻，那么人和人的不同之处在于，面对同样的场景时，不同的人用不同的程序和代码处理问题。你想成为更优秀的人，就要去发现、理解这些人的程序和代码。

想为每件事都建立一个科学的模型，你就要更注意观察和总结。有些事情你只需要观察一两次就可以总结出规律，有些则需要观察八次十次甚至更多次。在事情发生后，一定不要想当然地得出结论，而要不断地问为什么，寻找规律，刻意练习。

比如，情绪化的问题就可以用换代码的方式解决：你想要驾驭情绪，但是你发现自己平时特别情绪化，遇到一点被否定或被质疑的情况，就忍不住火冒三丈，而你旁边的同事却总是很从容。也许你会说，两个人性格不同，但我想说，性格也只是一种为人处世的习惯。

如果把同事视作一个与你运行不同程序和代码的"电脑"，观察对方被质疑时的反应，你发现他依然泰然自若，保持微笑，而且言语不卑不亢。

具体和他聊一下你就会发现，刚入职场时他也比较敏感、易激惹，几年过后他慢慢训练出了比较平和的处理方式。他控制情绪的过程是，他首先意识到自己产生情绪了，这类似于检测到系统中有一个病毒，然后他开始有意识地用先控制表情、再控制动作的方法，尽量让自己不呈现情绪激动的状态——尽管他的内心还是有波澜的。接下来，他开始尝试用不那么激动的语气解释事情的原因，或者坐下来分析对方的质疑有没有道理。

他发现，大多数时候很多质疑之所以出现，其实是因为对方不了解情况，或者是因为他自己没有提前把背景材料补充完备。当他把情况说清楚之后，对方的质疑就消失了。少数情况是他的确做错了，那他就做复盘，下次争取不再犯类似错误。

一开始他也很难控制情绪，但是练习的次数多了，久而久之，这种面对质疑时的"从容反应"便成了他的习惯，成了他处理类似事件的代码。

你可以尝试在因质疑声情绪激动时，用大量的刻意练习尽量化解情绪，直到它变成你的代码，这就是在改变自己的习惯。只要你能掌握这套代码，随时检测程序，随时更改程序，你就可以变成你想成为的任何可以"驾驭情绪"的人。

所以，对于任何人、任何事情，只要你找到这套代码的几个操作，并刻意练习，终有一天你会掌握这套代码。但如果不做自我觉察和自我监测，你经历得再多，代码仍一成不变，你的能力和习惯也不会变，自然也就无法实现自我突破，不会成为一个更优秀的人。没有"换代码"的意识，你就会一直局限在旧的认知模式里。

成长其实就是一个更改人的思维和行为习惯的过程，我们经常说的领导能力、联想能力、创意能力，只不过是一些思维习惯。只要你愿意"换代码"，然后不断刻意练习；只要你能够找到合适的人，对对方相应的好习惯进行结构分析，将习惯变成代码和操作步骤，安装到自己身上，你就能成为那样的人，一直这样，你可以成为你想成为的任何人，快速成长也就实现了。

## 我的快速成长

我就是在第二家公司工作、学习的过程中，有意识地不断用外察和内观提升自己，因此获得了成长。这种成长不仅带来工作能力的增强、效率的提高、人际环境的改善，更重要的是让我的思维复杂性增强了，决策水平也提高了。就像开车换挡一样，快速成长前我都是在2档、3档的状态下开车，速度有上限；而快速成长后我能在4档、5档的状态下一直提速，让未来的成长有了加速度。

我的做法是在成长过程中不断地审视自己，只做对成长有利的事情，

**尽量不做与成长无关的重复性工作，同时不断总结那些对成长有利的事情。** 做哪些类别的事情对成长有利呢？你需要有策略地挑选。我们可以把日常我们要完成的所有任务大致分成两类：打造类任务和运营管理类任务。其中，运营管理类任务又分为推动增长的运营管理类任务和消除风险的运营管理类任务。

**第一类，打造类任务。**

所谓"打造类任务"，就是那些从 0 到 1 的任务。是你要"开启或建造"某个"系统或项目"的任务。它可以是建设一栋楼，给房屋做一次装修，打造一个团队，设计一款产品，还可以是建立自己的知识体系，建立自己的社交圈子，做自己的人生规划，等等。

每个打造类任务都有其相应的目的价值和意义。

打造类任务的重点是把核心框架剥离出来。表 2-3 展现了这个核心框架从下到上的四个层面。

表 2-3　打造类任务的四个层面

| 打造类任务的四个层面 | 执行顺序 | 重要程度 | 每一层的作用 |
|---|---|---|---|
| 外观美化层 | 4 | ★ | 是否好看？最上方的这层是美化的部分，比如商场的外墙设计、软装布置、软件的视觉样式等，这是对方最能直接感受到的部分。 |
| 实体框架层 | 3 | ★★ | 这个产品长什么样子？从这里开始就是用户能直接感触到的部分，比如家里的实体钢结构、水泥墙、房间隔墙分区、水电等，这个层面相当于未装修的毛坯房。 |
| 结构系统层 | 2 | ★★★ | 相互之间有什么关系？有了这些内容，现在该如何把它们互相连接起来，组成一个完整的系统？这时你就需要对整个系统进行功能布局、结构设计，然后做出设计图、施工图，图中应可以清晰地看出各部分的联系。 |

（续表）

| 打造类任务的四个层面 | 执行顺序 | 重要程度 | 每一层的作用 |
|---|---|---|---|
| 模块范围层 | 1 | ★★★ | 这个系统中需要什么，不需要什么？比如你家里要装修，家里需要分为哪些部分，如卧室、书房、功能房、厨房、卫生间、客厅、活动区、储物区等。 |

这个就是打造类任务的四个层面，它们层层递进，执行顺序越靠前的层面越重要，执行顺序决定了我们对该任务的资源和精力的投入程度。比如，"模块范围层"是最底层的任务，一旦在模块范围划定方面出错，后面的努力都要推倒重来；而"外观美化层"的重要程度则比起其他层面低得多，外观带来的直观感受虽然最强烈，但外观对最终的成败和任务价值的影响却最小。

以我常做的新产品的上市筹备为例，新产品的"上市筹备"就是一个打造类任务，要从零开始打造一场完美的推广。你需要重点跟进的任务是什么？

首先，在开始进行任务之前，你要想好设定怎样的目标和意义，即完成产品的战略布局。在这一层，我会思考这个产品能解决哪个治疗领域的什么问题，公司股东对这个产品的期望值和要求是什么，这个治疗领域内未满足的治疗需求是什么，这个产品与本领域内的其他竞品相比，差异化优势在哪里，这个产品未来5年的发展定位是什么，等等。

这些内容看上去很"虚"，却是整个产品上市筹备过程的基石，如果在这个环节上大家无法达成共识或出现判断错误，后期就会有无止境的修改、返工。因此，深入挖掘领域需求和客户需求（内外部需求都包括），对产品的定位达成共识，是你最重要的任务。

其次，开始整个打造类任务的四个层面。

从模块范围层开始：为了实现目标，你需要放入哪些"要素"，有哪些战略必做项，分别要达到什么目的，每个方面需要包含哪些环节，等等。

准备好了目标、意义和第一层，整个新产品的上市筹备就不会跑偏，接下来，你可以继续"打造"其他层面，打造的方式可以是自己做，也可以是授权给他人或与他人合作。

1.把"结构系统层"分包给上市新产品涉及的各部门相应的负责人，让他们帮你把这些人、事、物串联起来，形成一个营销活动的骨架。

2.把"实体框架层"分包给活动设计供应商，让他们把所有的环节串联起来，变成一整套连贯的、步骤清晰的上市活动计划。

3.把"外观美化层"分包给广告商，让他们优化各个环节的设计、表现形式、客户体验等。

这样，在整个过程中，你需要参与的环节会大大减少，却又能最大限度地确保上市筹备的质量。这个框架确保了上市筹备方案是接近完美的，按照这个框架去执行，通常可以打造堪称完美的上市筹备。

第二类，运营管理类任务。

如果说打造类任务是从 0 到 1 建设一个系统，那么运营管理类任务就是保证这个系统能正常运行并不断优化。比如，App 上线后的技术维护、用户运营、营销推广，公司的日常管理、财务、人事等，都是这类任务。

首先，介绍推动增长的运营管理类任务。

影响这类运营任务的因素很多，你需要对整个任务进行解剖，寻找运营的关键点。举个例子，你想运营一个学习训练营，那就需要把一家学习训练营日常运营的主要部分简化成一个由各个步骤组成的流程，顺着流程你自然可以看到推动增长的关键。比如这个学习训练营的核心目标是通过不断推出新的在线课程产品来盈利，而盈利需要不断增长的客户量，因此整个系统应该围绕"客户量"来搭建，所有工作都应围绕它展开。

在这个案例中，"产品质量"和"宣传量"能与"客户量"形成正增长循环。提升产品质量，让"来过的人都说好"，口碑越来越好，就会吸引更多的人关注；宣传量越大，训练营的知名度就越高，就会吸引更多的人购买；购买的人越多，训练营的现金流越大，就可以不断做更多的宣传，这就形成了一个良性循环。总之，你可以不断找出系统中的"促增长与成功因素"并想办法重复、优化它。比如打磨产品、提高产品质量、将产品内容系列化、打造适合不同人群的矩阵等，同时与多个平台合作，不断展示学员的好评，加大推广和宣传力度，让你的知名度不断提升。

其次，介绍消除风险的运营管理类任务。

上文提到的例子里的风险因素就是"产品质量下降"。产品质量下降，用户口碑就会变差，客户流失也会变多。如果放任"风险因素"不管，持续加大宣传力度或快速扩张，就会带来更多的负面评价，导致口碑进一步下跌，客户流失更加严重；而客户量减少会使收益下降，企业也就没有足够的资金做推广和宣传，知名度也会随之下降，这又导致获取新客越来越难，收入继续锐减，进而走入一个恶性循环。

想要避免陷入恶性循环，就要做好消除风险的运营管理类任务。比如，你可以改善用户群的运营模式，划分出高端客户群、中低端客户群等，建立分层、分群管理客户的机制，服务拥有不同付费意愿和要求的客户；强化品控，优化流程，用统一的 SOP 进行监管。风险管控非常重要，提前排查，"防患于未然"，避免你总处于救火的状态。

　　在成长过程中，你如果想要快速成长，就需要投入精力识别并高质量地完成以上两大类任务，并在完成过程中持续思考、锻炼能力。

　　我在这里简单列举了日常工作中各种具体任务分别对应上述哪一类任务，大家可以对号入座（见表2-4），而在这之外的任务多是重复性的，不会有太多增长价值，尽量不要花太多的精力和心智去做。

表 2-4　日常工作任务分类举例

| 打造类任务 | 推动增长的运营管理类任务 | 消除风险的运营管理类任务 |
|---|---|---|
| > 设计市场营销方案 | > 设计增长销量的活动 | > 定期复盘工作方法 |
| > 写月度、年度工作总结 | > 优化流程 | > 坚持锻炼身体 |
| > 做自己的职业生涯规划 | > 提高团队效率 | > 养成学习的习惯，与时俱进 |
| > 做一份传播策划 | > 既往项目的经验总结 | > 既往项目的经验总结 |

## ›› 第五节

## 心智敏锐度：
### 站在不同角度思考问题，从容面对复杂和不明确的事态

心智敏锐度是学习敏锐度中的一个重要维度，拥有良好心智敏锐度的人会有如下表现（见图2-7）。

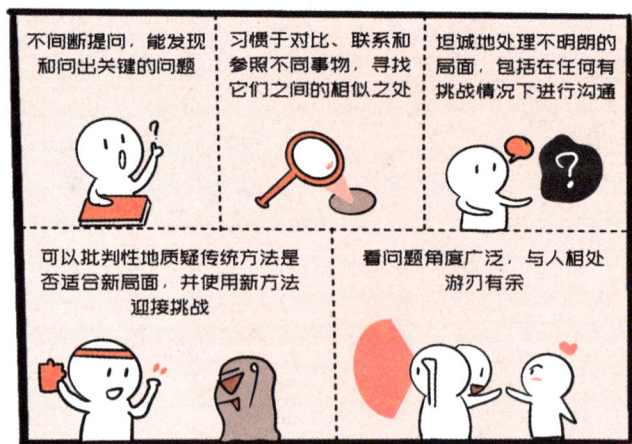

图 2-7　良好心智敏锐度的五个表现

1. 不间断提问，能发现和问出关键的问题。

2. 习惯于对比、联系和参照不同事物，寻找它们之间的相似之处。

3.坦诚地处理不明朗的局面，包括在任何有挑战的情况下进行沟通。

4.可以批判性地质疑传统方法是否适合新局面，并使用新方法迎接挑战。

5.看问题角度广泛，与人相处游刃有余。

通常将心智敏锐度分为较低、典型、较高、过度四个层次（见图2-8）。

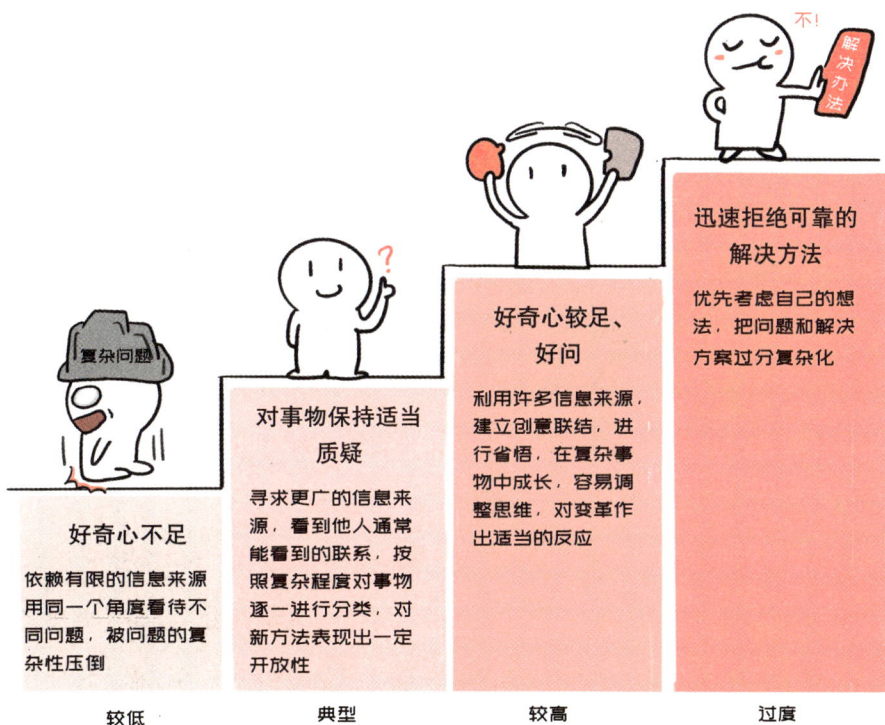

图 2-8　心智敏锐度的四个层次

较低：主要表现为好奇心不足，依赖有限的信息来源，用同一个角度看待不同问题，被问题的复杂性压倒，坚持使用在过去有效的方法。

典型：主要表现为对事物保持适当的质疑，寻求更广的信息来源，看到他人通常能看到的联系，按照复杂程度对事物逐一进行分类，对新方法表现出一定的开放性。

较高：主要表现为好奇心较足、好问，利用许多信息来源，建立创意联结，进行省悟，在复杂事物中成长，容易调整思维，对变革作出适当的反应。

过度：主要表现为迅速拒绝可靠的解决办法，优先考虑自己的想法，把问题和解决方案过分复杂化。

我们在职业发展过程中要追求的，是让自己的心智敏锐度达到如下状态：能接受世界的多元和复杂，脑中可以同时接纳两种截然不同的观点并依然保持正常行事的能力；对事物保持适当的批判性，倾向于搜寻和利用来源更广的信息帮助自己做出判断，甄别复杂事物中的规律，并对意外的变化做出适当的反应。心智敏锐度 / 思维视角（Cognitive Perspective）也体现为这个人是否在思维方式或心智上更喜欢拓展、更有好奇心、更不惧复杂，而不是简单地说这个人智商高不高，是否聪明。

那么如何提升心智敏锐度呢？你需要不断地刻意练习。要创造机会多做上述的打造类任务、运营管理类任务，勇于尝试新事物。凡事不要想当然，要多问问题，勇于抛弃旧观念，参与思考业务和模块的过程。你要在大脑中搭建自己的知识体系和认知模型，将新知识与旧知识链接起来，提升自己在模糊认知下做明确决策的能力，等等。

认知，是指对收集到的信息进行处理，像分析官一样思考，评估各种选项；决策，是指在各种选项面前，像指挥官一样做出最终选择。

模糊认知，是指在分析选项的阶段，先不急于做非黑即白、非对即错的判断，而是保持一定模糊度，仿佛正透过毛玻璃看事物。明确决策，是指我们在做最终决定时，必须有一个黑白分明的选择，不能模棱两可。

心智敏锐度低的人无法接受事物的复杂性，也很难有全局观，这类人容易犯的错误就是在认知环节非黑即白，在决策环节反而犹豫不决。

心智敏锐度高的人则恰恰相反，他们对事物复杂性的接纳程度很高，更容易有全局观，不过度关注不重要的细节，因此即使在认知环节保持模糊度广纳信息，他们依然可以根据最重要的考虑因素，在决策环节果断做出更合理的选择。

模糊认知的底层是概率思维。不管你的某个信念多么坚定，都要在信念前面加上一个概率数值。在模糊认知下，可信度加权和决策平衡清单可以帮助你做正确的决策，使用这些方法是心智敏锐度高的表现之一。厉害的人做的选择通常成功率更高，因为他们应用了概率思维和可信度加权。他们具体是怎么做的？

"加权"即"乘以权重"，比如，要开一个家庭会议，内容是对要不要给孩子报补习班表态，这时每个人的意见权重不一样，可能妈妈的权重是30%，爸爸的权重是30%，爷爷奶奶的权重是20%，孩子的权重是20%。不同权重代表不同的人在决策过程中的重要程度。这个逻辑其实很简单，但应用却很广泛。

此外，还可以用决策平衡清单（见表2-5），这是一种量化看重程度的决策方法，即针对你要做的选择，按照你看重的维度设定几个决策选项并进行打分，根据分数高低来对比每个决策的优劣。

比如，现在有两个工作机会摆在学员小孟面前，他需要做出选择。这时他可以利用决策平衡清单分四步完成这个决策。

表 2-5　决策平衡单（样表）

| | | 维度 1 | 维度 2 | 维度 3 | …… | 总分 |
|---|---|---|---|---|---|---|
| 权重分（1~10分） | | | | | | |
| 选项 1 | 基本分 | | | | | |
| | 加权分 | | | | | |
| 选项 2 | 基本分 | | | | | |
| | 加权分 | | | | | |
| …… | | | | | | |

第一步，列出可能的选项，并确定维度。列出你在找工作这件事上看重的所有因素。

第二步，给每个维度都设定一个权重分。根据你看重的程度为每个维度打分，最低 0 分，最高 10 分。

第三步，为每个选项在各维度打基本分。基本分的分值范围是 0~10。

第四步，计算总分。用每个选项各维度的基本分，乘以各维度的权重分，就是该维度下的加权分，然后把每个选项下各个维度的加权分加起来，就是每个选项的总分。

经过这四步，在决定要选哪个工作这件事上，我们就填出了一个完整的决策平衡清单，要选哪个工作也一目了然。得分更高的选项，基本就是你的选择（见表 2-6）。

表 2-6 决策平衡单（举例）

| | | 维度 1 成就感 | 维度 2 挑战性 | 维度 3 经济收入 | 维度 4 离家远近 | 总分 |
|---|---|---|---|---|---|---|
| 权重分（1~10 分） | | 9 | 7 | 7 | 5 | |
| 选项 1（工作 1） | 基本分 | 8 | 4 | 8 | 4 | |
| | 加权分 | 72 | 28 | 56 | 20 | 176 |
| 选项 2（工作 2） | 基本分 | 5 | 7 | 6 | 7 | |
| | 加权分 | 45 | 49 | 42 | 35 | 171 |

　　面对不确定性，我们只有接纳其存在，去测量它的模糊度数值，才可能向真理更近一步。模糊认知，就是开放地考虑各个维度的选项，并赋予权重。明确决策，就是根据计算结果，给出清晰、果断的选择。

　　所以，我们可以使用决策平衡单为自己打造一个专家意见团，在充满不确定性的复杂决策面前，判断优劣。在现实中，我们要敢于面对复杂的情境决策，不断提升心智敏锐度，让正确、科学的决策不断助我们描绘新的人生画卷。

第三章

# 人际敏锐度——
# 找对人、说对话、做对事

## >> 第一节

## 适应变化：
### 洞察力是对人、对规律的辨识力

在第二家公司里，我最需要解决的问题是适应变化，以更好地生存和发展。三年里我换了四任领导，每一任领导都有各自的做事风格和定位。每一任领导的离开或调任都意味着我要立刻转换自己的"频道"，重新进行梳理和观察。

## 人人都要有洞察力培养意识

招我进公司的领导在我入职不到 2 个月后就离开了，具体原因不详。那时对我们这些"职场小员工"来说，高管层面的人员去留特别神秘，而且公司处理这类事情的做法也特别"职业"，或者说"不近人情"。高管"被离职"时基本上都会遵循以下步骤。

1.有一天，你来公司后发现这位领导的办公室屋门紧闭。要知道，领导们都提倡"开门谈话"风格，所以他们的门通常都会打开，而屋门紧闭"一定有事"。

2.不出 3 天，就会召开该领导直线下属的"闭门会议"，通常在会议开始前 15 分钟左右发出"电话会议通知",并且会议无任何主题或会议日程。

3. 会上,该领导的直线领导(通常来自国际总部)会直接宣布该领导的"职位变动",有时是通知其"因个人原因"离职,有时是通知其"会接任一个新的岗位,待另行通知",总之这位领导不留在现在的职位上了,公司也不解释前因后果。

4. 然后直线领导问大家还有什么问题,通常这时都是全体嘴上沉默,但内心有各种猜测。然后会议组织者就会说,如果没有问题就请大家散会,各自继续负责好自己的工作。

在接下来的日子,部门里就会充斥各种猜测和传闻:现任领导为什么突然离职?是因为内部斗争吗?合规问题吗?还会不会连带产生其他人员变动?谁会接任这个职位?会不会是传言中的某某?……惶恐和不安萦绕在每个人心头。尤其是一线的员工,这些人不清楚队伍的划分,也不知道怎么站位,只能做好手头的事,同时敏锐地观察周遭的环境,然后从各路消息中获得只言片语。"存活下来"是我当时面临的最大的考验,毕竟招我进来的大领导"被离职"了,我的处境有些尴尬。当然,后来我不但"活了下来",还"发展得很好"。快速适应的能力是这几年的变化给予我的最好的"礼物"。我当时梳理了自己面临的困难和局面,发现"强调专业性 + 高效学习能力 + 快速适应的能力"是我当时可以做出的唯一选择。

我要继续做一个能力和心态都好的人。做到适应能力强、做事专业、态度积极、办事牢靠,这是我在每次遭遇领导变革中都能"适者生存"的原因,每个组织都需要这样的员工。好的心态、负责任的态度、良好的办事效率的背后是强大的情绪控制能力和更大的内心空间。我为此读了一系列关于自我提升和管理的书来充实自己,同时我还使用了一些小技巧来提醒自己保持良好的工作状态。比如，面对镜子整理着装时，我会不断提示自己微笑，注意沟通细节，用录音帮助自己训练嗓音，等等。我会随时提醒自己保持专业、克制。正装和微笑成了我约束自己的两个象征，它们的存在时刻提醒我注意专业和态度。

专业、积极、有效率、勇于创新、敢于挑战、坦诚沟通，这是我给自己树立的标签。我不断学习、补足短板，带着积极的心态去找对的人，心态的转变又会带来精神面貌的转变。说对的话，做对的事，而后成功就是水到渠成的。

在整个过程中，我对洞察力有了深入理解。没有洞察力就没有正确的行动。洞察力，是指深入看待事物或问题及规律的能力，拥有洞察力的人，能够透过现象看本质，用原理思维和需求视角来归纳、总结他人的行为表现，找到背后的规律，并进一步预测其未来行为，所以洞察力也称预见力。洞察力也与分析和判断有关，是一种综合能力（见图3-1）。

图 3-1　洞察力的综合体现

1. 体现在情商上，是对人的情绪的察觉，对心理、心情走势的把握。
2. 体现在智商上，是对事物的本质、规律、演化方向的预见。

一个具有创造性洞察力的人，在职场上往往是成功的。

## 想要拥有洞察力需要具备哪些能力

洞察力是观察力、分析判断能力、推演能力的综合。

要想拥有洞察力，你需要有超强的观察力来获取细微的信息，这可以为你得到全面、准确的信息提供保证。你还需要有分析判断能力，它让你可以甄别信息并通过对表面现象的追溯，找到事物的原因、原理，从而得出本质性结论。比如在职场上，领导或同事的发言背后的目的和需求是什么，这些就是"分析判断"要解决的事，也是你必须弄明白的事，否则你在应对时就会出错。你还需要有推演能力，即对事情发展进行有依据的预想，对观察到的信息和分析后的新信息进行推演。推演力也是行动的动力，如果一个人想象不到自己成功后的样子，就很难有动力去努力。成功的创业家每次都可以像第一次讲解一样，把自己的梦想蓝图与每一个投资人一遍又一遍地、充满激情地进行讲解，这就是因为他们内心充满对实现蓝图的渴望。

《人类简史》中曾提到，是宗教、信仰、共同理想这类"对未来的想象"推动人类世界向前突破和发展，看了之后我醍醐灌顶，深以为然。

洞察力，就是对上述三种能力的综合运用。做到洞察的重要前提之一，是对人、对事物的判断标准和角度不是单一的。有一次一个综艺节目请罗振宇做导师，他在点评时曾有过一段让我受益匪浅的发言，他说："成长就是变得复杂，因为这世界本身就是复杂的，一个人心智成熟的标志是头脑中存在两种截然相反的认知，却能够保持正常行事的能力。"对此我深以为然，这其实就是一种高阶的看待问题、解决问题的能力，只有拥有这种能力，才会有好的洞察力。

都说人生在于选择，你有没有过这样的经历：认为自己和别人就某件事产生冲突，并且你们的解决方案无法达成一致，你们就这件事没有其他可行的选择，双方只有"无解"这一条路。或者某个业务问题因某几个障碍停滞，怎么努力都没能解决，让人一筹莫展。

很多时候，我们认为没有选择的事换个思路可能就会柳暗花明。

《第3选择》这本书给过我很大的启发。面对生活中的冲突和分歧，作者提出了一个名为"第3选择"的解决方法。他甚至认为所有事情都有第3选择，共赢才是这个世界的本质，在共赢的前提下，没有解决不了的问题。《有限和无限的游戏》这本书的作者也提到，应该把我们的世界看成一个无限的游戏，输赢和对错不是最终目的，把"游戏"继续玩下去、不断拓宽边界、让更多的人参与进来、让更多的人获益，才是这个世界的本质。想达到这个目的，主动学习并让自己拥有"第3选择"的视角和思维非常重要。

关于第3选择，我们要弄清楚两个核心的理念。

第一，要有一个信念，凡事都存在第3选择，你要做的是提升自己思考出第3选择的能力，即打开思考的角度，拓宽思维的边界。

第二，要有一个原则，第3选择是建立在共同目标下、能达成"共赢"的解决方法，所以找到第3选择的前提是明确识别双方的共同目标，不被表面的"冲突"和"势不两立"迷惑。

学会应用第3选择，倾听对方的意见，运用洞察力找到对方的需求和自己的需求的契合点，实现合作和共赢。

那么，怎样才能做出第 3 选择？

第一，后退一步，拥有"第三方"的高位视角，利用同理心充分理解他人的立场，重新审视问题。一个简单的第 3 选择能够解决复杂的难题，甚至让难题不复存在（见图 3-2）。

图 3-2　换位思考

例如，2014 年后，整个医疗行业的合规进入了更严格的阶段，各大公司都更关注合规、公司战略也把"首先要合规、其次才是业务"作为口号。这直接导致很多以前运行良好的优秀项目被"叫停""审查"，各公司的业务受到极大影响。同时，各大公司内部对创新项目的审批流程也变得空前复杂，一个项目要在公司内各部门经历八审八问，等到彻底批下来，大半年都过去了，机会也过去了。

但是，当时我所在的那家公司 P 业务部的创新项目却层出不穷，他们的新产品上市进度和业务发展都得到了大力推动，这让大家非常吃惊。我因为好奇去采访了负责这个业务部的合规经理，问他为什么能在现在的情况下帮助业务部推出这么多的创新和尝试。只见他不紧不慢地说，关键在于你怎么定位合规部门的工作。合规的目的是什么？是"控制"吗？不，是"激发"。

一句话让我醍醐灌顶，合规是"激发"，是想办法在现有条件下帮助大家找到解决方案，而不是站在业务部门的对立面进行"控制"。这不就是时时刻刻拥有"第3选择"的思维的体现吗？这就是能够"后退一步，审视全局"，始终站在业务角度，考虑能"共通"的解决方案。

第二，遇到死胡同时，停下来换个思路。有句话叫作，最没有效率的做法是企图用正确的方法与流程解决错误的问题。我觉得这句话非常有道理。如果要解决的问题和切入的角度不对，无论你的解决方法和流程有多么正确，你最终仍有可能进入死胡同。这时候就需要洞察力了，要能精准判断出真实的问题。举一个我在工作中遇到的真实案例。之前我负责过一个某疾病领域新产品的上市营销，传统的做法都是做医生教育，也就是从疾病负担、未满足的治疗需求、到该类疾病的治疗目标确认、可选的临床解决方案以及各种解决方案优劣的对比等方面，提升医生的认知，展现产品的优势。但是推广过程中遇到一个问题：这个产品是国内第一个使用系统生物治疗法的产品，医生在相关疾病方面的治疗理念陈旧，患者对新药的了解也非常有限，观念教育的推动非常缓慢，加上药品价格相较传统疗法偏高，医生在向患者推荐时也容易被误解，所以产品的市场接受度一直不是很高。有大半年时间，大家一直沉浸于如何"提升医生教育的质量"这一问题，每次开会的讨论也都集中于这一个话题，但找到的解决方案总是没产生什么显著的效果。

直到有一次开会时邀请了跨部门的几位同事一起参与讨论，一位来自公共传媒部的同事问，我们是不是应该重新定位目前市场上遇到的障碍到底在哪里？公众的认知程度不够是否成了一种障碍？用媒体宣传提升公众和患者认知水平、让患者与医生认知之间的"落差"缩小、改善"医患沟通的效率",有没有可能解决当下的问题?这几个问题一下子打开了大家的思路,我们恍然大悟,教育公众和患者这一角度让我们的认知被打开了!

于是基于这个重新定位的"要解决的问题",我们设计了一系列媒体活动,以及在医院内、医院外针对患者和其家属进行的教育活动,这些活动既有趣又能起到科普作用,系列性和科学性都很强。这样,经过半年的积累和市场培育,大家欣喜地发现市场又有了生机,而且可喜的是,我们在做医生教育时还发现,有些观念陈旧的医生还被喜欢学习、喜欢搜索网络信息、喜欢在患者群里学习疾病知识的患者"反教育"了!

这些案例让我产生了深刻的思考,我发现了第3选择的好处,它会带给人有一种"思路拓宽,豁然开朗"的感觉。后来在职场中,我总是刻意训练自己找到"第3选择"的能力,不断逼迫自己训练洞察力,深入挖掘"可能性",不断从全新、多赢的角度看待问题。

如果你能先不急着论对错,或者局限于当下的视角,而是静下心关注问题本身,并发掘更多的解决问题的可能性,你的洞察力和解决问题能力就会增强,你的世界也会更广阔。

## 洞察力的训练方法

第一个训练方法是,对于在职场中遇到的每件事都不断进行信息收集、分析判断、决策练习这三个操作(见图3-3)。

信息收集　　　分析判断　　　决策练习

图 3-3　洞察力的第一个训练方法：不断进行以上三个操作

举个例子，我在参加任何一场会议时，都会主动成为做会议记录的人，不论这个任务是否分配给我。做会议记录的好处如下：第一，可以让我专心聆听；第二，可以让我养成速记的习惯，锻炼快速思考的能力；第三，这个过程中我需要对记录的内容进行判断、分类、整理、归纳，这个过程非常好地锻炼了我深入思考、抓重点、进行结构性表达的能力以及快速分析信息的能力，同时我的洞察力也在这个过程中显著提高。

每次都主动做会议记录只是形式，借此提高判断力和洞察力，养成集中注意力、筛选关键信息、为全局负责的能力和习惯，才是目的。

如何做好一份会议记录？四个关键点帮你从结构、内容、格式、发送方法四个维度进行检验。

1. 会议记录的结构要由结论、责任人和跟进点这三个要素构成。如果有未能达成共识的事项，要明确列出"未决问题"，当然，时间、地点、人员等基本格式也需要列出。

2. 会议记录不能是流水账，应该只包括讨论结论和后续行动，是一份责任明确的行动计划。

3. 会议记录建议用"清单体"，这样方便大家快速阅读抓住重点。每一条记录的基本元素是一样的：我们要做什么事，谁负责，什么时间完成，需要交付什么结果。

4. 会议记录邮件标题要明确。在用邮件向其他人发送会议记录时，务必写"请确认您负责的第几项事项"。最好在邮件的正文和附件中同时发送记录内容，保证大家随时看到邮件正文就能一目了然，不必再费力打开附件查看。附件只用来下载保存。

第二个训练方法是，多观察、聆听各种会议上领导的发言，并进行总结、判断，从他们的思考和表达中快速了解其对业务的洞见，判断业务的趋势。

很多人在公司年会上只顾着聊天，而实际上年会是领导们的"高光时刻"，是非常难得的学习机会。每位领导都会精心准备发言内容，这些发言内容通常来自对大量信息的总结、业务分析，包含对未来的预判。趁机学习他们分析、思考、表达和做判断的方法，才是年会的正确参与方式。

同时，很多行业内的大会也非常有价值，十分有助于培养洞察力，我们日常可以多利用参加第三方会议的机会，培养自己的洞察力和全局观。

第三个训练方法是，通过向自己提问，持续锻炼自己做出第3选择的能力。

遇到各种问题、冲突、不一致，都有意识地让自己跳到圈外，思考当下的问题却不受困于当下的问题，反复寻找可能让大家都满意的新的解决方案。了解了第3选择的原理，在遇到困难时，我们在做出选择之前，可以向自己提问，厘清思路。你可以问自己如下问题。

1.我当前面对的问题的本质是什么？

2.我面对问题有哪些准备？这些准备是否完善？

3.我想得到的结果是什么?

4.通常人们会使用的解决办法是什么?

5.我能不能找到创新的解决方法让大家都感到满意?

6.对方说的话中有什么可借鉴之处?

7.我能从中学到什么? 哪些经验可以被吸取和总结出来,这些经验对以后有何帮助?

8.还可以去看看并了解什么信息?

这些问题都有了答案,你的思路就会变得清晰。你自然就会突破自己,不断产生第3选择,你可以从"原本讨厌和对立的人或事物"上,学到大量有价值的东西。更神奇的是,当你能够熟练地使用第3选择来解决问题、化解矛盾时,你就会发现,很多让你头疼的事不再是困扰,再难的情况也有应对之策。你会发现自己身处的世界比以前美好,一切是那么丰富、多元、和谐。

## ›› 第二节

## 人际规律：
### 找对人、说对话、做对事

人际关系的本质是不断地发现需求、满足需求，实现互相制衡与合作共赢。沟通背后是对对方的需求和目标的洞察。职场人的需求基本可以分为两大类：心理需求和具体业务需求。要想有好的合作，这两类需求都要满足。本节将向大家介绍我在日常工作实践、培训学习中总结出的用于职场沟通与合作的实操方法。

### 果敢沟通需要心态＋技能＋习惯养成

果敢沟通，是指在任何时候与任何人自如交流、勇敢表达、持续进行对话的能力，这实际上需要心态＋技能＋习惯养成。

第一，在心态上，你怎么看待沟通这件事，以及怎么看待自己在沟通中的表现，至关重要。

很多人把自己在沟通中的表现看成一件固定不变的事，看成是对自己这个人的评价。如果他好几次提出建议却都不被采纳，他就会觉得很难堪，感觉被否定了，从而变得缩手缩脚、不敢再发言。其实正确的对待沟通的态度应该是，只把沟通看成一种传递信息的手段，并把别人的反应当作你的信息传递是否有效的反馈。也就是说，如果你发言之后别人的反应与你的期待不一致，你应该意识到这种反应只是表明对方对你这次传递信息的内容、方式、方法等方面的接受度不高，而不是对你这个人的接受度不够。

比如，你和女孩说话时对方皱了一下眉头，很有可能是刚喝的那口咖啡有点苦，而不是她不喜欢你。

第二，实际上，主动、有技巧地进行果敢沟通，是我们每个人都应该掌握的技能。

那么这个技能应该怎样养成呢？

相信大家对马斯洛需求层次理论都耳熟能详，人类最基础的需求是生理需求，尊重需求则占据较高层次（见图 3-4）。如果你想在谈话中获得他人的肯定和好感，让沟通顺利进行，就要时刻铭记：要让对方放松，并感觉自己被关注，是两个大原则。基于此，我们的行动应该是这样的：保持以对方为中心的思维，时刻关注对方的潜在需求、情绪、话题兴趣度，随

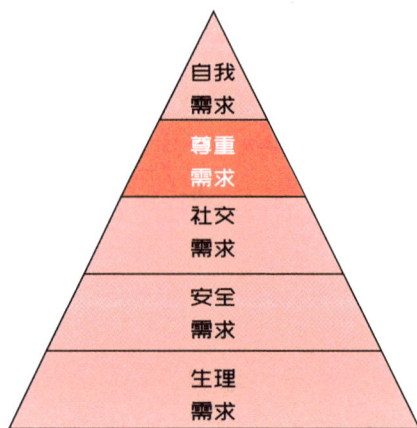

图 3-4　马斯洛需求层次

时对自己的语言和话题进行调整。

在这个原则下，要想提高自己的沟通能力，就需要做两方面的努力：

一是提高自己理解别人的可能性，这一点可以通过培养观察力、洞察力、倾听力来实现；二是增加别人理解自己的可能性，这一点可以通过改善表达技巧、使用非语言技巧等方式来实现。

第三，在学习任何技能之后，都要通过刻意练习将其变成自己的习惯，这样它才能真正成为你自己的能力。

当你习惯性地坦诚、开放、自如地表达自己时，你身边的人就会惊奇地发现，你已经是一个拥有果敢沟通力的人。

在工作过程中如何做到与上下级及其团队和谐合作、高效沟通呢？有两个黄金法则，遵循法则的过程也是培养与别人合作的习惯的过程。

## 法则一：做好向上管理、有效沟通、适时展现

通过提高与上级沟通的有效性，提高向上管理的能力。

与上级合作主要有三个核心要点（见图3-5）。

1.加强主动沟通，布置任务时明确彼此要求、时限、关键节点。

2. 一定请上级审阅任务初稿并给出初步意见，任务过程中对里程碑节点及时进行汇报、沟通、确认，任务结束后留出反馈时间，注意与领导沟通的时机。

3. 建立时间观念，不要让对方养成可以随时找你的习惯，制定"沟通时机"和"时限原则"。

图 3-5　与上级合作的三个核心要点

每个领导都喜欢省心的下属，那么到底怎么"省心"才能深得领导的心呢？你一定要站在他的角度考虑问题。

我的一个下属是非常细致的员工，细致到什么程度呢，每次她给我发邮件汇报项目进展时，都会发一条微信消息给我，告诉我这封邮件说了什么事情、需要我做什么，比如需要我决策还是审阅并提供建议，或者只是需要我知晓。我非常忙，她所负责的某个项目在我这里占据的注意力其实不到 5%，有时候邮件不会那么及时、仔细地看到，而她和邮件一起发送给我的微信就非常有价值。我能以此迅速判断她刚才发的那封邮件需要我做什么，从而立刻处理。

再举个例子，你负责的一个项目进展不顺利，现在你要向领导汇报情况。下面三种做法你觉得哪种更好？

1. 领导，因为某某原因，这个项目没按照计划进行，延期了。

2. 领导，这个项目遇到了……问题，项目组很着急，您说该怎么办？

3. 领导，这个工作目前的情况是……我认为原因是……我现在有这么几个方案，您看该选哪个？

其实每种做法背后都有"弦外之音"（见表 3-1）。

表 3-1　工作汇报内容及潜台词分析

| 汇报内容 | 潜台词 | 透露的员工态度和责任心 | 领导的反应 |
| --- | --- | --- | --- |
| "领导，因为某某原因，这个项目没按照计划进行，延期了。" | 出事儿了，我告诉你一声。 | 透露着一种"云淡风轻""不关我的事"的逃避责任的态度。 | 一定是皱眉不满 |
| "领导，这个项目遇到了……问题，项目组很着急，您说该怎么办？" | 遇到难题了，我没办法了，您来解决吧！ | 透露着一种"我很无能"还"无所谓"的下属特点，一副"你是领导你来解决吧"的样子。 | 不满 + 生气 |
| "领导，这个工作目前的情况是……我认为原因是……我现在有这么几个方案，您看该选哪个？" | 虽然有问题，但是我已经做了万全的应对，您是领导，必须尊重您，您指个方向，我去执行！ | 有"积极向上""主动出击"解决问题的态度。 | 很愿意仔细听听具体遇到了什么问题，并选择具体的解决方案 |

第三种汇报方式，才叫提高沟通有效性，替领导省心。而要想达到第三种的水准，你需要经常有这样的思维方式：假如我是领导，如果我需要解决某个麻烦或问题，我会考虑哪些方案。也就是说，永远站在比你高一个水平的领导角度思考问题，你就自然能替领导省心，那么在领导眼里，你就是能干、专业又值得培养的人才。

好的下属懂得为领导提供"支撑"，这是一种独立自主、强强联合的工作方式。这个认知非常重要，可以决定你所有的行为。领导会更信任能干、专业、省心、懂得支撑的下属。

以下还有几个我在实践中总结出来的、与领导沟通时的注意事项。

1.要积极主动。领导工作忙、时间紧，但信息多、资源多；你时间多，但信息少、资源也少。所以，和上级的沟通一定要由你发起，告知领导你的项目进度、有什么需要其来决策、下一步工作重点、下一个沟通时间节点等。同时，要在执行过程中定期沟通、确认。最好与你的领导约定每周或每两周面对面、一对一地沟通，很多风险可以在一对一沟通中及时解决。

2.要有客户服务思维。把上级当作你的"用户"，你交给他的任何工作结果，都要完整、明确。哪怕是一条微信、文档或邮件，都应该背景清晰、表达扼要、信息完整，让对方可以快速抓住重点、给出反馈。

3.尽量让领导做选择题。你要帮助领导聚焦问题。比如，"此事的背景和进度是……我建议的做法有几个，分别是……这么考虑的原因是……您有什么建议？如果没有，请确认收到了"。总之，遇到自己解决不了的问题时，面对上级，有效率的求助逻辑不是"我处理不了，您来吧"，而是"我是这样思考的，请指明方向、给出建议，让我继续前进"（见图3-6）。

4.要有闭环思维。每件事要有一追到底的精神，件件任务有着落，直到完全解决。在解决之前，要持续与领导及时沟通、明确进展。

5.要有重要性排序。向领导汇报时做到"要事第一"，从最重要的事开始说起。不要颠三倒四，想起哪个说哪个。

6.表达要呈金字塔结构。先说结论，再补充论据。这样方便领导抓住你的重点，而不是从你的流水账报告和沟通中不断"猜测"你想表达什么，浪费彼此的时间。

向上管理还有一个很重要的动作就是做好工作汇报。好的工作汇报可以让你事半功倍。我在第二家公司养成了非常好的每周主动进行工作汇报的习惯，一方面是向领导汇报，另一方面我也在这个过程中进行自我总结

图 3-6 与领导积极、有效地沟通

和进度管理，训练自己的全局观，同时让下一周的工作更有效率。

想写好一份周工作汇报，要注意语气、结构、内容、格式。

1.用语气传递积极的态度。多用积极的语气，你需要展现出所有问题终将得到解决的自信。比如，"上周推进 3 个项目，2 个顺利，1 个进度较慢，原因是合规部门的同事有不同看法，大家对齐项目目标用了两次会议。以后这类项目将提前让合规部门介入，尽早获取建议，避免后期变故"。或者展现负责到底的决心，比如，"客户反馈的福利卡领取渠道不通畅的问题，已经提交售后部门尽快解决，我会以天为单位了解进度"。

2.在结构上，突出重点，把重点事项写在前面。英文中有个词叫作 user friendly，即用户友好性。如果你把领导当成用户，你提供给他的工作汇报就也要具有用户友好性，这样才能给他省心。对于领导具有用户友好性，就是从领导的角度分析他想看什么。周报内容必须经过提炼，并且将重要信息写在前面，让领导一目了然。

3.在内容上，要包含"进展""结果与思考""下一步"这三个要素。比如，"本周拜访了3位客户"，这只是进展。你还需要写结果与思考：这3位客户对我们新产品的观念是怎样的，有没有特别大的问题需要下一步跟进，或者有没有不良反应等反馈需要与药物安全部门接洽，等等。你还可以递进到"下一步"：每周3位客户的拜访量合适吗？是否可以在一定资源支持下拜访更多客户？实地拜访这种方式适合所有类型的客户吗？等等。

4.在格式上，要形成金字塔结构或清单结构，切记结论先行。这样才能把你的思维视觉化地展示给对方，方便别人理解，提高沟通效率。

随着你的人际敏感度和与领导合作的能力渐渐提高，你将会有如鱼得水之感，而要想真正做到有效率、有成果，只是能与领导沟通和汇报是不够的，还需要与同事融洽合作，最大限度地实现共赢。

## 法则二：做好平级合作，理性果敢地沟通，避免孤军奋战

首先你要学会将二八原则用在与同事的合作中。要时刻谨记，把80%的精力花在20%的最重要的事情上。为了做到这一点，在面对每一个工作任务的一开始，都要问自己下面这些问题。

1.这件事有没有必要做？与策略是否一致？

2.需不需要我亲自做？我做这件事的机会成本是什么？

3.这件事有可能交给别人来做吗？

如果这件事别人可以完成80%，那么就授权给别人做。制定好目标和检查的节点即可。我举几个例子来说明工作分配原则，具体来说，要分情况讨

论,比如,工作是拜访客户,这时你要思考你想通过此次拜访达到什么目的?

如果是增进客户与你的感情,就不能把这件事拜托给别人,否则客户认识的就是别人;但如果你想维护客户与公司整体的关系并促使交易达成,这件事就可以交给别人去做,你不必亲力亲为。

不管某件任务是否分担出去,又会分担给谁,你要做的都是先找出这些任务,然后进行分析和分类,和大家讨论方法共同完成,避免你一个人事无巨细地辛苦解决。因为大家是这件事的利益共同体。

而与平级合作的沟通章法也有三个核心要点,我依然举例说明。

每年 10 月初公司的团队建设,都是一个需要各部门共同协调的项目。每年公司会在国庆节过后开始成立团队建设活动筹备工作组。涉及的部门包括总裁办、采购部、酒店会务组、广告设计组、市场部、销售部等,大家都是从各自的部门中被抽调出来组成"团队建设活动筹备工作组"的。在这个工作组中,来自各部门的同事都是级别差不多的行政人员、助理、执行专员等,按照上述原则,在"团队建设活动筹备项目"中,所有人应该按照三个核心要点和操作方法来进行沟通与协作(见图 3-7)。

1. 明确分工。在项目启动阶段,最重要的是做好计划和分工。我们可以把工作内容分成模块并划出时间表,分清楚各部门同事重点负责的事情、需要达成的结果和完成的最后期限。分工表让工作内容"责任到人",让人们在执行中了解"遇到哪类事该去找谁解决"。在项目启动会上,要充分沟通并确认每个人都达成一致,在项目执行过程中,要及时检查以确保动作没有变形。

2. 及时沟通、及时反馈。及时沟通达成一致、及时反馈迅速调整也非

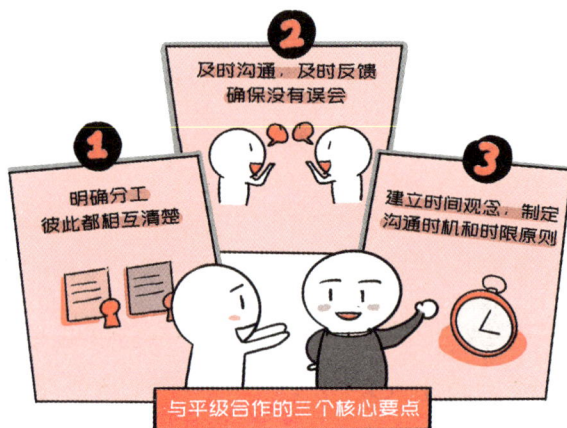

图 3-7　平级合作的三个核心要点

常重要。要想建立常规的沟通机制，最好保持每天一次快速沟通、每周一次正式沟通的沟通频率。沟通方式可以选择微信群、钉钉工作组等。每天固定一个时间让大家把各自负责的事情的进展在群里快速反馈一次，互通有无。保证每个人都"收到、清楚且理解"这个标准，可以将标准放在项目跟进时间表的附件里，方便同事们自检。

3. 建立时间观念，制定沟通时机和时限原则。这一点是大家在执行过程中经常忽略的。当项目任务重、时间紧时，大家很容易出现"随时遇到问题、随时冲上去解决问题"的状况。其实这样会导致人们缺乏冷静思考和对重要紧急性排序的思考，盲目消耗时间、精力，很容易导致效率低下。因此，大家明确分工后，各自都要有自己的"专注工作时间"，同时也要有"限制时长的协调沟通时间"来专门进行快速协调，不要互相"随机打扰"。

## ›› 第三节

# 规律背后的规律：
## 积累普适的底层逻辑

"规律背后的规律"是查理·芒格的名言，是指那些推动人类社会进步和经济发展的底层逻辑，这些逻辑放在职场中也完全适用。而跨界高手，大多数都是非常优秀的学习者。可见，要想获得终身成长并将各类知识与能力融会贯通，就要理解这个世界普适的底层逻辑。我在本节中为大家整理了我认为最核心的五个普适的底层逻辑。而在接受这五个普适的底层逻辑之前，你还要拥有以下四个心态，为学习这些知识做准备。

## 四个重要的心态

1. 对任何事都有开放性绿灯思维。保持学习者心态而不是评判者心态，放下习惯性防卫心理，放下既有经验和成就，拥有坦然接受新观点的心态。

2. 有"千里之行，始于足下"的耐心。的确，能"四两拨千斤"是我们职业发展的终极目的，但是你要首先愿意"结硬寨，打呆仗"，刻意练习、积累你的技能。

3. 及时复盘。宁可今天少做一件事，也要花时间让自己复盘当日所学。

这样才能保证每一天都不会流于形式。每天哪怕在出租车或回家地铁里只有5分钟进入深入思考状态，日积月累，你的人生也会迥然不同（见图3-8）。注意，这类复盘一定要写下来，这样才会通过"慢思考"进入你的脑子里。

图3-8　四个重要心态

**4. 用乐观的态度对待反馈。** 要相信"凡是反馈，皆有价值；凡是经历，皆要成长"。不管外界对我们的评价是正向的还是负向的，都是对我们当下行为的反馈。积极"接收"这种反馈并从中理解这种反馈的出现原因、角度和价值。做到"有则改之无则加勉"，让自己像一个不断被优化、迭代的产品一样，不断升级。

随着你不断质询、反复探索，在持续发现规律和自我否定的过程中，你对普适规律的认知就会越来越清晰稳定，越来越接近底层逻辑。而在应用底层逻辑时，最核心的是抓住问题的本质进行刻意练习，不断穿透"现象层面"寻找"底层逻辑"。从而让底层逻辑真正帮我们解释问题、解决问题、预测问题。

## 五个普适的底层逻辑

很多底层的思维逻辑已经在不同的书籍中被反复介绍。我这里列出我经过自己的学习和实践，认为对个人成长非常有价值的五个普适的底层逻辑。

第一个底层逻辑是复利思维。

职业发展、人生成长的关键都是复利。用一句话来解读：持续正向积累带来的质变是惊人的，越过临界点之后就会有爆发性增长。每天多努力1%，一年后你的积累会相当惊人，而每天少努力1%，一年后你的堕落也会很惊人。起点相近却结局迥异，比如两条线交叉后夹角不变，彼此的距离却越来越远，这就是复利效应带来的结果。

做副业就是这样的过程，你投入的成本和风险是有限的，只要坚持，到达一定的临界点，它带来的价值就会不断上升。以我刚入职场时学英语为例，我每天都去上课、学习，如果每天都和前一天相比，会感觉变化不大，无非是多背了几个单词，多熟悉了几个例句而已，但是经过一年的积累，我已经可以在公司会议上用英语充分聆听、自如表达。而且随着我不断地参加会议，不断地进行练习，我的水平也越来越高，这就是复利效应带来的良性循环。

心理学上有个概念叫作"时间贴现"（time discounting），简单来说，是指我们感觉时间流逝得越快，对做一件事的估值就越会下降，由此越感受不到未来的存在，而只关注当下。所以，许多人才会有如下心态。

学这个技能有什么用？几年后都不知道这个岗位还在？—— 但你学或不学，几年后的那个时间点都会到来。区别在于，如果学了这个技能，那时你就多了一种可能。

做这件事情有什么用？又看不到什么效果。——但你做或不做，这件事的效果都会存在，区别在于，它是会在当下就对你产生影响，还是会在未来对你产生影响。

人们总是根据做一件事的主观价值来选择是否行动，所以对时间的认知会直接影响我们的行为。而复利思维高度认可时间的积累价值。

这里我提供三个应用复利思维的小方法。

1. 每天花半小时来专注做一件有长期价值的事，可以称它为"黄金半小时"。比如，培养一个爱好，学习一门技能，读 10 页书，听一套音频课，复盘我为学员做过的咨询并做一个思维导图，等等。你可以像我这样，每天都给自己设定"黄金半小时"，这半小时可以是一天中的任意时段，什么时间想做就直接做。在这半小时中，只关注当下这一件事，完成它，掌控它，半小时后再去做其他事。这与你拿出每个月工资里固定比例的钱进行理财的道理一样，"黄金半小时"是你在为未来投资时间。

2. 每天为自己的生活找点有意义的变化，不要让自己的每一天只是在重复。重复做没有营养和新鲜感的事情，大脑就会渐渐倾向于遗忘。所以要每天都找点和昨天不一样的事去做，可以是多做一次冥想，下班多走一段路，对学习过的课程做一次复盘，等等。总之，每天都创造点有意义的新变化，不限时间、地点、形式，只要是以前没做过或往常不太会做的新鲜事就可以。过后简要地将这件事记录在备忘录里，过段时间拿出来看一看，这会让你的积极心态也产生复利。

3. 每天做一次小复盘，每周做一次大复盘。对自己在本周的"黄金半小时"每日积累的学习笔记进行整理，汇总学习"成果"，调整接下来的学习节奏。

第二个底层逻辑是概率思维。

概率思维是指，许多事情我们都可以站在概率的角度思考。

很好理解的一点是，无论是在生活中还是在职场中，概率思维都会让我们选择做成功概率更高的事情，避免做那些成功概率低的事情，在自己的优势区击球。

关于概率思维，还有一个非常重要的认知与行为改变有关。你要清楚，任何人的性格特点，都只是表现为这种性格特点下相应的行为模式发生的概率高一些而已。你如果想拥有任何一种性格和行为模式，只要提高自己出现相应行为的概率即可，行为的重复概率提高了，就说明你在朝着这个方向成长。这种心理认知非常关键，有了概率思维，打击自己的想法就会更少出现。千万不要把养成任何新习惯都简单理解为意志力的问题，"习惯"并不是简单的"每日重复"，而是"不断增加的概率"。这样你就不会因为一两天没有达成既定目标而产生挫败感，进而放弃养成某个习惯。

假如今年 365 天中有 200 天你都坚持每天读书半小时，难道这还不算是个好习惯吗？与去年的你相比，读书这一行为的发生概率由 0 变成了约 55%（即 200/365），是不是已经进步了很多？虽然你还没有做到每天都读书半小时，但是概率增加了，就意味着你在向养成这个好习惯迈进。

所以，不要因为一两天没有完成什么而懊恼，并放弃之后的行动。只要确保概率在正确的方向上增加就可以了。只要执行过程不是非常痛苦并且能让你感受到成长，你就会自然而然地坚持下来。

第三个底层逻辑是黄金思维圈思维。

黄金思维圈其实就是从本质出发的过程。黄金思维圈由三个同心圆组成，从内向外分别是 why、how、what，从本质出发到现象，让你用挖掘本质的思路带动问题的解决（见图 3-9）。

> why 是目的、理念、信念，即为什么要做。

> how 是方法、措施、途径，即如何实施。

> what 是现象、结果、行动，即具体怎么做。

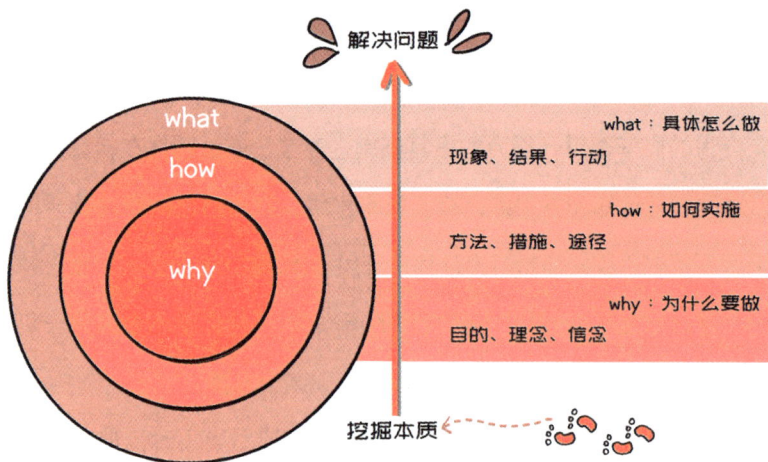

图 3-9　黄金思维圈

黄金思维圈的关键是由内向外地思考，要求我们在行动之前，从 why 的角度出发，先问自己为什么要做这件事，也就是弄清目的，之后再开始行动。只有把这个问题弄清楚，才能找到正确的方向和方法。

黄金思维圈包含由内向外的思考，让人从目的出发，思考怎么做，然后体现在行动上。这其实是我们认知世界的方式，如果只看到最外面的 what，让理解流于表面，行动自然也就停留在表面。

遇到事情时，如果我们能运用黄金思维圈，就能多问几个为什么，直到挖掘出核心层的 why。我想你一定听说过丰田公司的做法，其让员工连续问 5 个为什么，从而挖出出现问题的根本原因。比如机器漏了油，其他公司的处理方式是先清理，再检查，更换引发漏油问题的零件。而丰田公司会用一个又一个"为什么"引导员工。

1. 为什么地上会有油？因为机器漏油了。

2. 什么机器会漏油？因为有一个零件老化，磨损严重。

3. 为什么零件会磨损严重？因为质量不好。

4. 为什么要用质量不好的零件？因为采购成本低。

5. 为什么要控制采购成本？因为想节省短期成本，短期成本是采购部门的绩效考核标准。

所以地上漏油是因为采购部门的绩效考核标准设计得不合理，更改采购部门的绩效考核标准，就会从根源上避免类似问题重复出现。

黄金思维圈还是一款强大的沟通利器。你不能只听对方说什么，还要思考为什么对方会这么说。我那时在日常工作中因为经常要向美国或法国总部的上司汇报工作，所以我非常关注他们提出问题的角度。当你理解了这个人"为什么"要问这个问题后，你就真正理解了他考虑问题的角度和他真正想要什么，那么你对他的回答也会是有的放矢的。总是这样练习和分析，你甚至可以成功"预测"针对哪类事情、哪个人会问哪类问题，做到完全掌控汇报的节奏和结果。总之，从"why"这个角度，一步步思考对方没有说出口的真正问题和诉求，才是有效沟通的核心与关键。一旦清楚了对方的真正诉求，很多问题就迎刃而解了。

第四个底层逻辑是迭代思维，又称 MVP 思维（MVP 即"Minimum

Viable Product"，最小可行产品 )。

MVP 思维的核心是低成本试错，观察结果，迅速获得反馈，及时修正，快速迭代，完成比完美重要得多。先搭出框架，初步填充，再根据反馈进行升级，通常是最有效的完成工作的方法。

很多职场新人做事慢的重要原因之一就是苛求完美，总想一次"做到完美"。其实仔细思考一下，以职场新人的经验阅历，一次交付一个完美的产品或报告是非常难的，不如先交个 80 分的作品，然后在领导、同事、客户的反馈中优化它，这样更有效率。任何时候都要有 MVP 思维，也就是"先完成，后完美"。

MVP 思维有三个操作步骤（见图 3-10 ）。

第一步：建立框架　　第二步：设计内容　　第三步：获得用户反馈

图 3-10　MVP 的三个步骤

第一步是建立框架。你需要思考完成这个产品的最基本的结构是什么，比如我要做一套关于精力管理的在线课程，那么需要深入思考这套课程的设计目的、市场痛点、展现形式等，并用幻灯片的形式将其呈现出来。

第二步是设计内容。针对这个课程想要达成的培训目标，我具体要怎么解决用户的问题，用什么逻辑和案例进行讲解，设计什么练习题，这些都是第二步。而在这个过程中，不要苛求完美，只要达到最基本的课程要求即可，尽快让这个小产品成型。

第三步是获得用户反馈，并进行优化。将完整但不完美的这套"最小迭代产品"推出到训练营中进行讲授、获得学员反馈，并根据学员的反馈持续进行补充、优化，而后再次投入训练营中，再次进行讲授、获得反馈，根据学员和市场反馈的修订意见进行 3~5 轮修订后，这套课程就会被打磨得更加完善。此时也就完成了这个产品的迭代升级。

没有一个产品或方案是可以闭门造车、一次性达到完美状态的，快速建立框架，快速推出，快速获得用户反馈，快速修正和补充，这个过程非常考验洞察力、快速行动力，也节约了资源，提高了效率，避免了走弯路，何乐而不为。

第五个底层逻辑是凡事都要系统思考。

凡事因果相承，任何时候都不要停留于表层的"人和事物"，要着重思考"联系"，并通过"及时反馈"提高系统的实践性。这样才能在系统思考中找到关键解，四两拨千斤。比如，在职场或生活中建立一个习惯的过程，就是建立一个系统的过程。看起来一个又一个相互独立的习惯，却构成了你的"关于习惯的系统"。

你要善于从建立某一个习惯的过程中找到方法和规律，并将其应用在其他习惯上，帮助自己不断建立一个又一个系统。要善于从你的成功经历中找到系统性规律。

我自己在建立"减肥瘦身"这个习惯时，发现可以提炼出一些"共同的成功因素"。如果想快速建立一个新的好习惯，只要做到以下几点：

1.列出在养成第一个习惯的过程中的所有行为；

2. 挑选其中关键的、对养成习惯有帮助的行为；

3. 提炼这些行为背后的逻辑；

4. 将逻辑应用到新习惯的养成中。

表 3-2 列出了我在建立"减肥瘦身"这一习惯的过程中的"系统思考"。

表 3-2　建立"减肥瘦身"这一习惯的过程中的"系统思考"

| 减肥瘦身这一习惯中的行为 | 从中提炼出对习惯养成有帮助的关键点 | 应用到新的"锻炼结构性表达"习惯中的行为 |
|---|---|---|
| 前一天晚上把第二天要锻炼这件事写在待办事项上，并标注好几个可选的时间段和要进行的具体操作：上午上班路上一边听音频一边走一段路 | ＞ 提前做计划，给需要养成的新习惯设置每天"具体发生动作"的时间段和"具体发生什么动作"。<br>＞ 将某个固定时间段的"旧习惯"和"新习惯"链接；每天上班坐地铁已经成为习惯，在这个习惯中链接嵌入快步走的新习惯来锻炼身体<br>＞ 分解得越细致，操作步骤越简单，越易于执行 | 每天在上班路上坐地铁时阅读当天的新闻资讯，挑选自己感兴趣的一篇，阅读后用结构性金字塔（先写结论，再写论据）的方式记录下来，并在有道云笔记相应的记录本中记录（记得列主题，方便日后整理） |
| 前一天晚上把运动鞋放在门口，这样第二天醒来收拾好穿上鞋就能出门 | ＞ 设置"开始行动"的便利条件，不给自己犹豫和丧失注意力的机会 | 前一天晚上把想要看的内容从知乎、微信公众号等平台中找出来，放在收藏夹里，第二天直接打开就看，避免寻找信息的过程中注意力被其他突发事情夺走 |
| 偶然有一天没有锻炼时，安慰自己的话是"这周我已经坚持了 4 天了，4/7 的比例，比原来一天都没有的 0 好太多了" | ＞ 将"概率思维"应用在养成任何习惯的过程中，稳住心态 | 如果有一天特别忙碌或偶尔情绪低落不想做事，不妨放过自己，用"本周执行的概率还不错"来安慰自己，减少自我否定等负面情绪造成的内耗 |
| 明确减肥瘦身的目的是让自己更健康，是发自内心的需求，将其写在记录本上，每日提醒自己 | ＞ 明确意义有助于习惯的养成，可以每日用这个意义提醒自己 | 锻炼结构性表达的目的是提升说服、影响别人的能力，促进职业的长期发展 |

（续表）

| 减肥瘦身这一习惯中的行为 | 从中提炼出对习惯养成有帮助的关键点 | 应用到新的"锻炼结构性表达"习惯中的行为 |
|---|---|---|
| 刚开始每天走 1 站地，后来慢慢变成每天走 2 站地、3 站地，最终稳定在每天走 5 站地 | ➤ 从简单的事开始建立习惯，每天进步一点点 | 逐渐由每天阅读、提炼 1 篇新闻资讯扩展为每天阅读、提炼 2~3 篇 |
| 为了延续锻炼的习惯、保持锻炼的心态，日常工作间歇开始见缝插针地锻炼肩、颈、腰 | ➤ 养成习惯只是手段，最终目的是减肥瘦身，简化路径、见缝插针的操作可以节约时间，提高效率 | 抓住每一个结构性表达的机会，比如会议上的发言，向别人转述事情，等等，都可以训练自己的金字塔结构表达方式 |
| 用 App 记录自己的步数，每周积累获得成就感 | ➤ 持续积累并获得反馈，在养成习惯的过程中建立积极心态 | 定期查看自己输出的结构性表达的导图、笔记等，积累自己的成就感；附加的收获是我可以经常从中发现一些写作的好素材 |
| 每天"固定"的锻炼和由此带来的收获让我对自己的了解更深刻，而且对生活的掌控感也更强 | ➤ 坚持做一件事可以增强你的自信心和掌控感，辐射效应可以让你在做其他事情时更容易因为好的心态而成功<br><br>➤ 关键是保持这种每天让我进步的"黄金半小时" | 当结构性表达锻炼到一定程度之后，可以用其他的新习惯来代替结构性表达，让自己每天都至少有半小时的"黄金思维时间"提升掌控感，比如锻炼用"一页 A4 纸进行零秒思考"的能力 |
| 如果因出差无法进行上下班的锻炼，就寄存行李箱然后在机场里来回走，要求自己不要固定坐在某个位置 | ➤ 提前预估可能"中断"习惯的风险，做好备选方案 | 比如某天上下班路上的时间刚好都有电话会，无法进行"资讯结构性表达"的训练，那么备选方案是，本次会议中自己至少要有一次发言是结构性表达的 |

　　总之，在养成一个习惯的过程中，不要仅仅盯着这一个习惯，而要看到自己做到的和没做到的各种行为背后可能出现的逻辑和规律，随时保持对"关键成功因素"的探寻，并将发掘出来的成功因素复制到另外一件事中，这就是非常重要的、让你系统思考的洞察力。它会让你将你面对的很多人、事、物和问题联系起来，挖掘"底层逻辑"，用一些"底层逻辑"进

行审视和思考。

　　一个人可以有很多系统，除了上面举例的习惯养成，你的学习系统、职业发展系统、挫折修复系统等，每个都值得你深入研究，识别成功因素，发现其中规律然后应用到这一类事情中。坚持用这种思维模式处理问题，你一定会飞速成长。

## >> 第四节

## 人际敏锐度：
### 人际关系与合作模式是成功和幸福的关键

这一节我重点向大家介绍学习敏锐度中的一个重要维度——人际敏锐度，同时以人际敏锐度为出发点，向大家分享我的经验总结。

人际敏锐度指具有良好的自我认知，从经验中学习，建设性地、调整性地对待他人，并且在不断变化的压力下保持冷静、具有适应性的能力大小。拥有较高人际敏锐度的人能以开放的态度对待他人，喜欢和不同的人交往并享受互动，理解他人的独特的优势、兴趣和不足，并会有效运用这些特点来完成组织目标。

网络上经常出现一些用两张极其相似的图片来测试人们的异同的有趣实验，人们从不同角度可以看到不同的颜色、表情等。我觉得这些实验都很神奇，也帮助我想明白了一些事情：即使我们生活在同样的环境里，面对同一件事物，我们的感知也能产生很大的差异。人们的主观意识极易受时间、地点、光线、情绪等众多因素的影响，更不用说生长于不同生活环境的人之间的差异了。主观意识不同，就会产生不同的认知和行为，带来不同的结果。也正因为有各种因素的干扰和环境的差异，所以我们无法要求别人站在我们的角度思考问题。

如果你的共情能力很强，能够理解他人的处境和立场，能够通过表达让他人也理解你的处境和立场，你就会拥有更强的人际敏锐度和感知力。这种能力可以让你脱颖而出，成为他人愿意信任、愿意主动相处、愿意帮助的人；你也更容易说服他人，让他人理解你，与你站在同一条战线上。共情能力、表达能力和人际敏锐度是高度相关的。

通常人们认为人际敏锐度共有六个维度（见图3-11）。

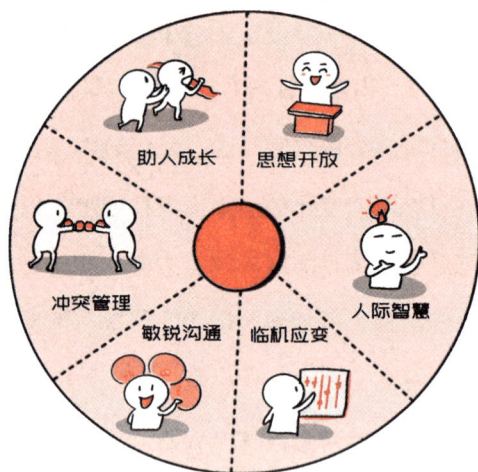

图 3-11　人际敏锐度的六个维度

思想开放：对自己未必赞同的想法保持开放态度，能够认识到向他人学习的价值，并在理由充分的同时对自己的观点进行调整。

人际智慧：准确预测他人在不同情境下可能出现的反应。

临机应变：感受人际动态并根据不同情境的需求及时做出调整；及时

调整自己的行为和方法，力求完美匹配情境。

敏锐沟通：既强调信息表达的内容，又强调表达的过程。这意味着不论是一对一的交流，还是一对多的交流，都要调节向受众传达的节奏、风格和信息。

冲突管理：冲突管理者将冲突视为机会而非难题。他们不会回避冲突，而会小心处理冲突不让矛盾升级。冲突会在合作、双赢和以解决方法为导向等积极思路下得以解决。

助人成功：帮助他人成功，包括通过提供适量的挑战和自主权来帮助他人发展，能够成为教练和导师，能够站在一边让他人享受荣誉。

拥有良好人际敏锐度的表现是心胸开阔，自如胜任不同角色，接纳并适应多样性，理解他人且易与人相处，能应对冲突，政治敏感度高，善沟通、能服人。在提升人际敏感度方面，如果你能做到改变认知，坦诚接受自己和他人，挑战自己，广交朋友，同时开阔心胸，多理解他人，洞察他人的需求，那么无论是在工作中还是生活中，你都会有更多的可能性。

# 第四章

# 目标敏锐度——
# 总是精力不济、没动力？
# 因为目标没找对

## 〉〉第一节

# 目标感：
## 找到人生价值目标的重要性

目标感非常重要，对目标的敏锐度会决定行动的速度和效率，还能决定最后的奋斗结果。很多人在职业生涯刚开始时和我一样没有目标。我在工作的前三年也比较懵懂，后来在工作中才慢慢发现了设定目标的重要性。我现在做每件事都有明确的目标，而且目标一定要高，俗话说"志存高远"；并且做事的标准也要高，正所谓"法乎其上取其中，法乎其中取其下"。

## 你熟悉这些场景吗

关于目标，主要有两种情况正困扰大部分年轻人：

一是没有目标；二是目标模糊，有目标却感觉每天做的事与目标无关，很无奈（见图 4-1）。

针对第一种情况，我们要学会根据自己的价值追求找到目标；而针对第二种情况，则需要进行目标管理，落实目标，否则就会陷入"空谈"。因为没有目标造成的最直接的结果就是浪费时间和精力，这等于是在浪费人

图 4-1  当今社会年轻人对目标的两个困扰

生中最宝贵的资源。

下面几个场景你是否熟悉？

场景一如下。

某个周六，你 10 点多醒来，懒洋洋地躺在床上，无所事事地玩手机，一眨眼到中午了，你随便点了份外卖，吃完又困了，想着周末就是用来休息的，于是打算再睡一小会儿。你一觉睡到下午 5 点多，晚上自然又是在漫无目的地"刷手机""休息"。思考这一天的收获和成长，你会发现几乎没有，而你最想要的通过周末获得的"休息好"的感觉，也在这种懒散、无聊、拖沓的时光中被消耗了。周一到公司，你感受到的是没有充分休息的疲惫。假如真的多给你三五天，仍然用这样的状态度过，你就能休息好吗？再接着想一想，这样生活的一天，你的人生中有多少？

场景二如下。

作为一个在大城市工作的人，你的加班强度不容忽视，在你的感受里，你不但工作量很大，而且工作内容很混乱。领导们的想法似乎一天一变，各种报表、记录，既烦琐又耗费精力。一开始你之所以喜欢自己的工作性质，一是因为专业适配，二是因为企业也不错，但是你越来越感觉这样忙和乱的日子没有尽头，你的情绪也因为工作压力变得不好，夜晚会产生焦虑感，还会失眠，也经常胃痛。你的情绪被带到与家人、朋友的相处中，无法排解。最近，你发现自己对待身边亲近人的态度越来越差，感觉耐心在一整天的工作中几乎被消耗殆尽，回到家有一点不顺心就想发脾气。

场景三如下。

从毕业到现在，你进入职场已经5年，却还是一名底层负责执行的员工，虽说你并不太讨厌现在的工作内容，但总感觉自己没有成长，也不知道自己的未来在何方。你感受到了职业发展方面的焦虑，为了缓解这种焦虑，你迫切地觉得自己需要"学习"，于是报了一大堆各种方向的网课：沟通方向的、英语方向的、项目管理方向的、思维方式方向的，甚至是哲学方向的（因为你觉得自己深度思考的能力不够，想通过学习哲学加以培养），每天似乎一有业余时间你就在学习，但你越学越焦虑。就这样，一年一年过去了，你感觉自己不但什么都没学到，还浪费了很多钱，觉得自己的前途更渺茫了。

这三种场景就是典型的没有目标或目标模糊导致的时间、精力的浪费，具体包括体力的浪费、情绪的浪费、注意力的浪费。人的一生其实很短暂，除了吃饭、睡觉、社交等这些必要操作所用的时间，真正能用于工作、追求自己想要的生活的时间，可能只有三十多年，浪费了太可惜。要想提高自己的目标敏锐度，你一定要找到对自己非常重要的价值目标。

# 为什么找到价值目标如此重要

这里和大家分享我的学员小琳的故事。

小琳是一名财务经理，今年24岁，她说自己最大的问题是每天都很忙，手头工作做到一半就会被电话打断，对方要么是有紧急到必须马上处理的事情，要么是有需要频繁协调、沟通的事情，总之非常耽误自己的"正事"。处理完杂事之后一般都快下班了，小琳因此又要加班处理自己手头的工作。白天这么辛苦，晚上回到家就会觉得"终于时间属于自己了"，然后犒劳自己吃点零食或看剧放松，经常到了该睡觉的时间还是停不下来，然后第二天无精打采，如此周而复始，恶性循环……她觉得自己很迷茫，不知道人这一辈子是为了什么而活。

小琳说她的确希望生活得更有成就一些，但又不太确定应该做些什么。"周围不少人受到种种困扰，听了他们的遭遇，我莫名其妙地开始担心自己，工作让人精疲力竭，我对家人渐渐也失去了耐心，经常觉得消极、被动，不由自主地嘲讽别人，常常感到焦躁不安。我也懒得和朋友联络了。总之一切似乎都很'丧'。"

事实上，小琳现在投入很多的精力来应对外界的要求，以致她不清楚自己究竟想从生活中得到什么。当我问她是什么给了她生活的热情，让她产生有意义的感觉时，她完全回答不出来。她承认，尽管她的工作职位提升了，但她对工作也不像以前那样有热情，放假回家也没什么假期的愉悦感。小琳缺乏明确的目标，因而无法进入与明确的目标联结后才能出现的精力充沛的状态。她没有什么坚定不移的价值观，因此也没有太大的动力来更好地照顾自己的身体、控制自己的烦躁情绪、区分任务的急缓以便集中精力。

有这么多让她忙碌的事，小琳几乎没有精力考虑她所做的选择是不是她想要的。想到生活方方面面中的感受，只会让她觉得很不舒服，而且她觉得自己似乎什么也改变不了。当我递给她人生价值模块表时，小琳陷入了深深的思考。后来在引导她填写表格的过程中，我发现她缺乏让自己的目标清晰化、可执行的技能，而这个技能对一个人长久、良好的精力管理至关重要。

如果你了解精力管理的理念，就会知道人的精力有四大能量来源（见图4-2），其中最高阶的是目标意义感，它让人充分调动自己，全情投入，这样能产生的力量称得上是无穷无尽的。

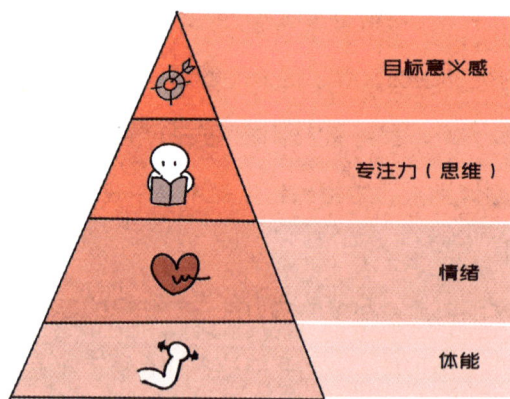

图4-2　精力的四大能量来源

这个意义感，可以源自你此生的追求，想过的生活，也可以源自你每年、每月、每天的目标，做起来最感到开心、满足的事。

这些目标和追求是驱动我们前进的巨大动力。有意义感的人目标感十足，每天都充满动力。

为什么现在很多导师都推荐大家做目标管理，就是因为目标会带来掌控感，配合行动力，你的生活和工作会因此变得有秩序、有节奏。你不会原地打转，做的每件事都目的明确、效率满满，并且每天、每周、每月，都在进行与目标紧密连接的产出。

如果你能找到一个真正激动人心的目标并为之奋斗，你所释放的能量和之前会完全不同。强大的精神能量来自坚定的价值观和超越眼前、让人怦然心动的目标。

"我在搬砖"和"我在参与建设这座城市"，"我在给制药公司老板工作"和"我在做一件对疾病领域发展和患者生活质量都非常有价值的事"，给你带来的意义感和价值感完全不同。在这两个例子中，抱有后一种思想，你产生的动力和你在遇到相同遇到挫折时的反应会和抱有前一种思想时完全不同。

那么，什么是有价值追求的目标呢？

是那些能让你得到价值提升、对你有激励性质的目标。这类目标有四个关键要点。

1. 你内心喜欢做、让你产生成就感、让你快乐。

2. 让你可以不断得到正反馈（这种正反馈可以是利益，也可以是某种认可或成就感，甚至是某种快乐和满足）。

3. 长期来看有价值积累。

4. 在很长一段时间内不会轻易变化，很容易延展成三年、五年规划，甚至人生规划。

图 4-3　价值目标的四个关键要点

**毫无疑问，价值目标是避免你跑偏的北极星。**

## 用两步简单找到价值目标

那么如何找到自己的价值目标呢？

其实每个人都有找到自己的目标的方法，相信大家在不同的目标或者个人成长管理训练营中也学习过一些方法。有些人喜欢用价值观排序，有些人喜欢描述愿景，然后从愿景梳理出目标，我认为最好的方法是打分评估法，它可以清晰量化你的价值目标。操作步骤也很简单。

第一步，找出你过去 1 年中追求的某几件事情或目标，选择 1 个，用以下 5 个维度衡量这个目标带给你的价值感（见图 4-4）。

**时间：** 你投入到这个目标中的时间值。具体来说，你在过去 1 个月为这件事投入了多少时间？分别是哪些时间段？

**金钱：** 你愿意为达成这个目标付出多少金钱，比如报课程、购买相关的产品等。你在过去 1 个月内投入了多少金钱？都购买了些什么？

**投入度**：在达成这个目标的过程中，你的精神层面和心智层面各有多少投入。你的真实感受是怎样的？这种感受源自怎样的体验？多用几个形容词描述它。

**成就感**：你达成这个目标后的成就感有多强烈？

**未来的价值**：你达成的这个目标在未来的价值是怎样的？会给你带来持续提升和成长感吗？

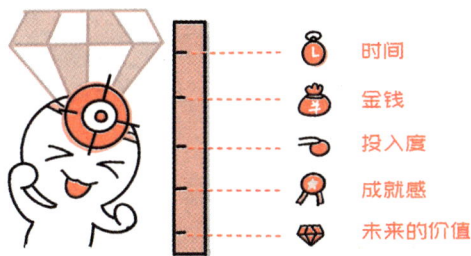

图 4-4　5 个维度衡量目标带给你的价值感

第二步，打分。基于每一个维度，对你的目标进行打分，每个目标下每个维度的满分设置为 100 分，把 5 个维度的得分加起来，可以得到关于这个目标的总分，然后进行排序。

通过这种方法，我们能对自己正在尝试的多个目标进行排序，从而得知什么样的目标是自己觉得有价值并愿意持续投入的。

当然，在一开始的探索阶段，你的价值追求可能会有调整，但是最终会渐渐定型。

同时，每达成一个目标，在进行下一次尝试时，你可以多问自己几个问题进行复盘，更好的指导未来的行动。

具体的复盘方法我们在本章关于"复盘"的小节中再介绍，下面是几个我常用的引发思考的问题。

1. 这件事成功在哪个部分？失败在哪个部分？

2. 这件事是否与之前我做成其他事有相通点？过程中有哪些行为是我"一贯能做成的"？哪些是我"经常错的"？

3. 我还能怎么做来提高效率、改善结果或获得额外的加分？

4. 做这些事情需要用到哪些我擅长的通用技能？

5. 还有哪些技能是做这件事需要但是我没有的？对此未来我可以有哪些提升方法？

6. 我有哪些可以用的资源？

7. 我还有哪些没有用的资源？

8. 我还可以请教谁？

正常情况下，你多接触同一类型的事，总能摸索出一些规律。如果你从一开始就能有意识地寻找事物与事物之间的联系，并且找出有自己特色、相对成功的做成一件事的方法，你就能更容易地探索出规律。把这样的一条探索之路走通、走顺，不断挑战自己处理问题的能力，让自己的能力不断得到提升，再把这些成功的经验复制到新的兴趣、爱好上，你就会有一种"快速成长"的感觉。

同时要注意二八原则，当梳理出你的价值追求与目标后，要把80%的时间、金钱、精力、资源等，投入你"最愿意达成的"价值目标中。

## >> 第二节

## 目标明确：
### 给大脑可执行的科学指令

工作和学习时无法长时间投入其中、专注力差、行动力差的问题，是现代人普遍拥有的。一些人在工作、学习时经常神游天外，在刷视频时却废寝忘食，你是不是在"正经事"的"全情投入"方面也有困难？比尔·盖茨曾说，他能成功的唯一原因就是专注。可是，普通人到底怎样提升自己的目标感和专注力呢？

## 如何快速进入状态、保持专注

要想集中注意力，关键点是给大脑一个描述清晰、可执行、让注意力能集中的行动指令，并把这个指令变成大脑最关注的信息。

如果你的任务足够清晰精准，符合大脑的行动指令和规律，那么大脑本身的生理机制就能自动降低其对周围无关信息刺激的关注度，从而让你的注意力相对集中在需要关注的刺激上。而针对大脑最关注的这个指令，有四个特点很关键：一是清晰精准，二是可执行，三是有时限，四是有明确的交付结果。不断给大脑下达有这四个特点的任务，大脑就会越来越有

"专注做事"的习惯。

我们的大脑，其实相当于十分复杂、由庞大的神经元网络构成的"超级电脑"，只有指令清晰明确时，要运行的程序才能被打开。

以下3个关键操作可以帮你养成快速进入专注状态的习惯，提高工作和学习的效率。

第1个关键操作：给大脑可执行的程序命令（见图4-5）。

图 4-5　给大脑可执行的程序命令

所以你设定的目标任务要尽量清晰、可执行、有时限，而且要有明确的交付结果，这样大脑会感觉"很愿意投入这个工作"。如果你设定的任务过于愿景化、不具体、操作性不强，那么大脑很容易陷入"到底要我做什么"的状态，不利于你保持专注。

比如，你想在半年内提高写作水平，比较下面这两个任务。

＞ 第一个任务：我要学习写作，提高写作水平。

> 第二个任务：接下来的一小时，我要搜索市面上有关写作的书籍，通过参考各种推荐和豆瓣评分等进行分类整理，并通过列出表格找到 3 本比较好的书，为接下来的深入学习做准备。

显然，第二个任务更容易让大脑了解你"到底要做什么"，并且第二个任务对应的具体任务更容易让大脑快速完成它。第一个任务给大脑的指令实际上是模糊的，大脑根本无法判断什么是当下应该聚焦的目标信息，什么是当下应该降低关注度的信息，自然就会感到混乱，这时人表现出来的行为是：拿着手机左翻一下，右翻一下，不知道要找什么，注意力随时被转移。

第二个任务为什么可以让人进入精力集中的状态呢？因为相比第一个任务，第二个的任务更清晰、具体。有具体的时间、目标，明确的指令要求，这样大脑马上就会知道要如何处理：我要搜集信息，挑选与"提升写作能力"相关的书籍，降低对除此之外的信息的关注度；这一小时我需要投入精力，我的预估产出是梳理出一个表格。确认了上述内容后，大脑就开始执行了。

这样，每次都专注于完成一个小任务，一个一个任务积累起来，就完成了你"提升写作能力"的目标。

再比如，你要交给上司一套项目规划方案，比较下面这两个任务。

1. 我要在下周三之前完成一套 ×× 项目规划方案给老板。

2. 我要在今天下午 3~5 点的 2 小时内完成 ×× 项目规划方案的框架 PPT，包括背景、目的、主要设计、时间表等要素。在明天下午 2~4 点的 2 小时内完成 ×× 项目的初步 PPT。

　　显然，后一种任务描述方式让大脑更易"聚焦"，也更有"操作感"，而且完成后你也会更有成就感和掌控感。

　　总之，用类似的方法把大任务分解成几个小步骤和小任务，给每个步骤和任务设定完成的时段和具体、可执行的指令，就能很好地让大脑进入专注状态。

　　第2个关键操作：建立专注工作的仪式感。

　　你可以建立一种仪式感，在进入专注工作状态之前设定一套固定的程序，用这套程序帮助大脑建立"快速进入专注工作状态"的条件反射。

　　我在不同场合都和大家讲过一个简单的、可以自行培养的让你进入专注状态的"条件反射"——正式开始工作前缓慢而专注地喝一杯水。这是一个我常用的固定程序：安静地坐下来、打开电脑，喝一杯我最喜欢的茉莉花茶或者只是一杯白开水，喜欢喝什么就喝什么。

　　这样做的目的是让你在进入工作状态之前，用这杯水提醒你的大脑：我现在准备进入专注工作的状态了，我要专注于当下任务了。这会让你的大脑开始收敛思绪，当这杯水喝完，你的大脑也就"打开"了专注状态。

　　养成这样操作的习惯后，大脑对这个固定程序就像形成了仪式感一样，能更容易地识别它，产生条件反射。每当你进行这个操作时，大脑都会"自动"进入专注状态。

　　第3个关键操作：提前为进入专注状态做准备。

　　比如，很多人在早上刚刚进入公司时很难进入专注状态，通常会先坐在那里倒茶水、收拾桌子、和同事不紧不慢地说话，之后再开始工作。我提供给大家的方法是能让大家在通勤的路上就开始"进入专注状态准备"的方式，通勤路上可以做的事很多，你可以选择学习，也可以选择用娱乐打发时间，同时还可以选择为你当天的工作进入专注状态做准备。

我具体是怎么做的呢？那时我打车上班，在车里的 30 分钟中，10 分钟被我用来和司机聊天，20 分钟被我用来处理工作事宜或开电话会议。

为什么要和司机聊天 10 分钟呢？在保持积极情绪的 6 大技巧里，有一个技巧是建立联系。与陌生人或周边的朋友进行简短的沟通，可以帮我们放松心情、减轻压力、改善状态。在剩下的 20 分钟工作时间里，我有时会进行一个电话会，有时会简单处理一下工作，总之当我抵达公司时，因为已经有了这 30 分钟的准备，我整个人已处于工作状态。抵达办公室后，我可以直接进入比较专注的工作状态。坐到办公桌前，我的大脑与工作能快速建立较强的链接，也做好了全情投入的准备，因此整个上午的工作效率就会特别高。再加上我每天都有明确的待办事项，每天的任务目标被明确分配到上午、下午的时间段，一旦进入专注状态，我就立刻"着手于今天的目标"。

这样的一天结束后，我的产出是很高的。

## 区分愿望清单与行动清单

分享我的一个学员的案例，这个学员是一个非常自律的人，尤其是在健身方面。他的锻炼计划几乎雷打不动，身材保持得很好，精神面貌也很好。他希望自己的人生能有所成就，也比较清楚自己在人生中想得到什么。但是他发现自己的行动力特别差，工作时特别拖沓。

他在我这里做咨询时，经常拿着写满待办事项的清单给我看，这份清单中的待办事项涉及工作、生活、爱情、家庭等方方面面，看起来特别有激励效果。但第一天结束后，他就会发现其实自己根本做不完这些事。这让他特别有挫败感，觉得自己是一个意志力不坚定而且很拖沓的人。

其实他的行动清单是一个非常好的帮助我们管理目标和行动的工具，但是想用好这个工具不能只关注形式，一定要分清愿望清单与行动清单之间的差别。

这两个清单确实很容易混淆。愿望清单可以很长，也可以很短，但它是你"想要"做的事情，对你有长期价值。而行动清单是你在接下来很短的时间内要完成的任务，是需要快速完成的事情。

如果不把愿望清单变成行动清单，你的愿望是无法落地的。这就是很多人虽然想法很多，读了那么多书，学了那么多道理，却依然过不好这一生的原因。不论你头脑中的愿望与想法是怎样的，这些愿望与想法如果不变成行动方案，那么除了能给你一些虚幻的激励之外毫无意义。

比如，你想学美妆，想让自己变漂亮，这只是一个愿望，这个愿望本身不构成明确的行动指导。所以，如果只把这个愿望列入行动清单，写在当天的待办事项里，列一条"我要学美妆"，其实没有任何可操作性。这种情况最容易带来的结果就是你不知道该怎么做，最终陷入拖延和自我否定的循环。

正确的做法应该是以一个较长的时间段为单位，比如年、季度、月、周，制定自己的愿望清单，然后把这个愿望清单分解成可以达成这个愿望的行动清单，而这个行动清单才是你每天要完成的。

仍以学习美妆为例，我们可以分解动作，形成行动清单。比如今天要搜索一些比较好的、公众认可度比较高的美妆博主的自媒体账号，关注她们，观看、学习她们的几个视频，先简单了解美妆，建立一些对美妆的感性认识，这才是行动清单。

在这个行动清单下，你采取行动、迈出第一步就非常容易了。第二天，还是针对学美妆这个愿望，你可以有下一个操作步骤。比如昨天看了10个美妆博主的视频，你发现其中某个博主的分享对你来说很有用，比较适合像你这样的初学者，因此你重点关注了这一个博主，然后每天通过看她的1~2个视频学习具体操作，从零基础开始，一步步向更高级的妆容迈进。这些步骤才可以作为你每天的待办事项，将这些事情分解到每一天中，事件的完成率就比较高了。比起愿望清单，行动清单更容易操作。

所以说，目标敏锐度不仅要求你明确想要达成的目标，更要求你对达成这个目标的路径有一定认知。你清楚流程、过程和分解动作，可以通过自己的深入思考或查阅资料清晰地表达整个流程，合理分解流程并付诸实践。

再给大家举例对比一下。

这是一份愿望清单。

1. 我今年要出版两本书。

2. 我今年要升职为经理。

3. 我要有一个相对幸福圆满的家庭。

4. 我想做一个公众号来推广自己，让自己能向更多人表达自己的思想。

5. 我想赚更多钱，让自己相对更自由。

这是一份行动清单。

1. 今天花一小时列出第一本书的大纲。

2. 今天花半小时研究一下我想从现在所任职的岗位升任为经理，都要达到哪些岗位要求。

3. 今天开始在我运营的两个读书群中向大家传达"我准备摆脱单身状态，希望开始相亲"的信息。

4. 今天花半小时坐下来思考，如果开设公众号，我想传递的内容是什么，公众号的定位和目标受众是什么人，要先思考清楚这些问题并写在笔记本上，然后可以和朋友讨论。

5. 今天我开始学习理财知识，我想了解工资收入之外的收入途径，以及资产、负债的整体逻辑目标。另外，确定学习的方式是读书，还是跟着财经自媒体学习，学习相关知识后切记要有一定的自我输出。

请尽可能分解步骤，步骤越清晰，指令越可执行，目标越容易达成。总之，良好的目标敏锐度可以让你对目标更敏感，并且达成目标的路径更清晰。

## ›› 第三节

## 优化路径：
### 用复盘和反思实现飞跃

在这本书里我反复强调复盘。人的一生都在学习，如果不想让自己前面学了后面忘，合上书就把知识还给老师，过了一年和过了一天没什么区别，那你就要学会不断复盘和反思。复盘和反思是提升洞察力最好的方法。正确、高效地使用复盘和反思，你就可以逐渐迭代、拥有更好的洞察力，不断优化达成目标的路径。

## 复盘和反思十分重要

心理学的一个研究显示，人们在行动过程中是否有意识地进行某种行为，对行动的最终结果的影响很大。通过记录过程，人们可以有某种行为改变。这项研究结论已经被很多心理学实验验证。

有一个以酒店的清扫阿姨为对象进行的研究。研究者将清扫阿姨分为两组。A 组阿姨在每天的打扫过程中将卡路里一览表放在房间里。研究人员让 A 组阿姨在一天的工作束后计算、填写自己一天所消耗的卡路里。包括将床单从床上拿下来、重新铺床、打扫浴室、更换毛巾等动作各消耗多少卡路里。而 B 组阿姨则仅只完成清扫工作，不记录卡路里消耗量。

两组被要求做的所有工作同往常一样。结果发现，A 组阿姨的体脂含量下降了，血液的健康度提高了，身体年龄都减小了；而 B 组阿姨的身体并没有什么变化。仅仅通过记录意识到工作和劳动对健康有益，就能够让身体状况变好，这的确是一件神奇的事。实验结果表明，同样的时间内做同样的事，是否有意识地去做，产生的效果可能天差地别。

同样的理论也可以被运用到注意力训练上，你可以这样操作：记录自己在什么时间、什么场所可以很好地集中注意力。持续进行这种操作，你的大脑会产生习惯，然后每到这个时间段、这个场所中，你的注意力都会自然而然地集中。隐藏在潜意识中的力量是很强大的，注意到它你就会有效地利用它。

因为"记录"的过程其实就是联想、启发、归纳、演绎，是调用自己现有的知识理解过去一段时间发生的事情。这种通过书写记录和调用知识来解构、重构问题的过程，是记录最有价值的部分，也是记录帮助我们快速提升学习能力的关键环节。福尔摩斯曾说："你只是在看，并没有观察。"记录可以让你"主动观察"，我在上文中探讨如何培养洞察力时和大家分享了在职业生涯早期主动针对任何会议做会议记录，这也是培养"主动观察"能力的过程，这个过程会促使你进行大量的深入思考，提升你的洞察力。

"复盘"可以帮助我们深入、系统地思考，看到更接近本质的规律，指导我们未来的行动。通过主动进行复盘，我们可以从最小的经历中有最大的收获。通常，我每天的复盘是在上下班的通勤时间中完成。每天我上下班差不多要用一小时，按照每天 8 小时计算，一年中 40 多天的时间都在路上，浪费了太可惜，每天用 15 分钟进行复盘，给你带来的成长会非常多。

## 简单又有效的复盘方法

我给大家介绍三个我常用的复盘方法。

一是"案例法"："把生活案例化"，哪怕是很小的事。成甲老师在其《好好学习》一书中专门讲到了这个方法：把反思这类我们只有在遇到重大事件才会做的偶发行为，变成主动、持续的行为。比如，记录复盘日记，从而对自己的行为作出反馈并思考改进措施。特别强调的是，在记录时不要做"流水账"，要进行有效记录，而有效记录的要素除了事件本身，还包括当时的感受、情绪、思考过程、重要决策因素等。进行有效记录，才能抓住日常工作和生活中宝贵的改进空间（见图4-6）。

图4-6 把生活案例化

以我的一个学员为例，她是一个职场妈妈，婆婆帮助她一起照顾孩子。婆婆对一些事物的见解和她不同，生活习惯和卫生习惯也和她不一样，她们在最初的相处过程中产生了很多矛盾。那么如何从"我"的角度尽量规避这些矛盾，持续改善婆媳关系，并最终达到为孩子创造健康、舒适的成长环境这一目的呢？她开始用记录和复盘来"观察"婆媳相处过程中的点点滴滴，连续一个月记录和摸索婆婆的性格特点与生活习惯，记录婆婆在什么情况下容易有情绪变化等细节，她一边持续进行观察和记录，一边也观察和记录自己在这些情况下的情绪、心理和行为。经过一段时间的记录，她制作了相应的分析表，计划了对应行动，根据婆婆的性格特点调整了自己的众多行为和语言，尽量创造和谐的家庭氛围。

总结起来，生活案例化要注意现象—背后的原因—解决方法。上文案例中的具体实践如下。

1. "缺乏主动交流"是她婆婆性格中的一个显著特点，她喜欢自己琢磨事情，把琢磨出的结论当作"事实"。这位学员的解决方法是，改变自己的沟通风格，凡事主动沟通，说在前面，避免婆婆"想歪"。

2. "长久以来的卫生习惯和她不同"是她婆婆的另一个突出特点。但是想到老人一辈子也不容易，这位学员从未对婆婆的这个特点说过一句否定的话，总是有时间就自己默默收拾，同时也尽量提高自己对偶尔较混乱的环境的耐受力。

3. "总喜欢在孩子专心看动画片、玩玩具时给孩子食物或叫孩子的名字"，这样非常影响孩子保持专注。这位学员曾经尝试与婆婆沟通，但是婆婆不以为然。后来她观察到，为了省事，孩子吃饭的地方被放置了一个平板电脑支架，孩子一坐在那里就想看平板电脑，但同时又要吃饭，所以就会频繁出现这种"打扰"的模式。于是这位学员把支架放到其他位置，让支架与孩子吃饭的场景严格分离，杜绝了"边吃边看"的情况。

同时，她通过观察、记录和复盘，还发现自己语速过快，有时一着急说话声音也会很大，这就会引起婆婆的抗议，这时婆婆也拒绝接受建议。她后来开始改变自己在家中的语速，以"更好地解决问题"为目的和婆婆沟通。

通过把生活中的小事案例化，她发现了很多以前从没注意到的问题。通过改变自己的沟通方式和行为方式，她很好地解决了家庭矛盾。她还把这些观察、思考的结果应用到工作中，她的人际关系也因此越来越融洽了。

二是"主题清单法"：针对某个主题，对近期的工作和学习进行复盘。比如思考"如何更好地与上级沟通""如何更好地与团队合作"等主题，尝试自己回答这些问题，并根据近期的表现（比如一个月内的经验）进行反思总结。

用主题清单法复盘可以是框架式的，也可以展开论证。框架式的复盘是用一页 A4 纸记录完成的，我在上文中为大家介绍过用一页纸思考的方法，这是一种非常好的针对某个主题对自己进行思考训练的方法，其步骤简单、易操作，随时随地都可以进行，我们回顾一下具体步骤。

1.在纸张第一行列出问题，问题往往针对某个主题。

2.在第二行至第六行，列出你能想到的关于这个问题的答案（比如，寻找专业人士咨询解决方案也算一种答案）。

也可以用这种方法对你读过的书、上过的课、新读的文章、最近新经历的教训进行复盘。

如果对这个主题的框架感兴趣，可以继续进行延展，不断地深入思考这一主题。比如用一页纸和分类延展的方法做一个项目策划。我自己的第一套在线的精力管理课程，也是通过对咨询案例的复盘完成的。

我在怀孕期间集中接受学员们的咨询，每次咨询结束后都会用半小时复盘这次咨询。对单个案例进行复盘时，通常我会问自己以下几个问题。

1. 学员有什么困惑？

2. 学员期望解决什么问题？

3. 学员都问了我哪几个问题？

4. 我分别是如何回答的？

5. 哪些答案令对方满意，哪些答案令对方不满意？

6. 哪些答案我还可以改善？

7. 哪些答案在未来的咨询中可以通用？

对多个案例进行统一复盘时，通常我会问自己以下几个问题。

1. 学员有哪些具有共性、出现频率较高的困惑？

2. 学员期望得到解决的问题大概分为哪几类？

3. 哪些答案是具有共性的，可以按照总结出的模块来回答？

4. 可否设计出合适的工具来对学员的答案进行分析？

5. 哪些答案可以延展成一篇论点鲜明的公众号文章？

6. 在我给出的解决方案中，哪些方案可以整理输出为系统性文章？

后来，我对复盘的结果进行了分类整理。

1. 将我问学员的问题中，比较简单、属于信息了解层面的问题，提前做成问卷表，咨询前直接发放并收集。

2. 对于学员常问我的一些基本的个人问题，提前列好答案，咨询时可以直接向对方展示，以节约时间。

3. 将重复率较高、值得仔细回答的问题，整理输出为系统课程。

面试之后，我也经常总结 HR 和直线上司常问的问题，因此虽然我面试的次数不多，但是每次都非常有收获，这些收获对我之后的面试和我与 HR

的交流都特别有指导意义。

后来，这些收获让我形成了一套有关简历优化和面试准备的咨询体系，我的面试常见问题清单包括以下几点。

1. 简单介绍你的过往经历。

2. 说说你为什么对这个职位感兴趣。

3. 你觉得自己最优秀的能力是什么。

4. 举个例子说明你过去处理过的一个难题。

5. 举个例子说明你过去的一个成就。

6. 举个例子说明你性格中的优势或劣势。

7. 你觉得这个职位对你来说可能存在什么风险。

8. 如果面试成功，你在这个岗位将要做的最重要的三件事是什么。为什么要做这些事。

9. 你有什么想问面试官或想进一步了解的。

**三是"输出学习法"**：这个方法有很多人用，属于学习金字塔中的"最有效学习法"，演绎了费曼学习法。简单来说，这种方法让你用输出督促你对输入的知识的理解程度，属于"边走边看"的学习方法，复述知识是强化知识链的过程，也是让知识属于你自己的过程。费曼学习法就是最精炼的"输出学习法"，即用自己的话复述所学的内容，讲给没有相关背景知识的新手或门外汉听，如果对方听懂了，那就说明你完全掌握了这个知识；如果讲解无法进行，那就回头继续学习，直到自己完全弄懂并可以轻松讲给别人、让别人听懂为止。

复盘是一种**刻意练习**的方法，坚持复盘就等于坚持刻意练习思考。这是**"锻炼思维肌肉"**的良方。你可以通过刻意练习发现和掌握规律，提升认知能力。同时，复盘的过程也是构建认知框架的过程，只有构建了认知框架，才能自如地调动、融会、使用知识。

复盘和反思会引导你发现自己工作和生活中的底层逻辑，并将底层逻辑与现实问题真正地结合并应用起来，实现知行合一。复杂的世界是由简单的基本规律决定的，并且"世界是一个复杂的、由各因素相互影响的动态系统"。这两个假设非常关键。人与世界的发展"因果相承"。因而，通过复盘让自己的经验与认知交互呈螺旋状上升，再加入时间变量，在某种程度上，你就可以设计自己的人生。

## >> 第四节

## 目标敏锐度：
### 好目标能带来源源不断的动力

本节为大家重点介绍目标敏锐度。好的目标能够带给你源源不断的行动力。行动力，是职业五力模型[①]中的第二层能力。在管理学概念中，一个人具有行动力是指一个人能策划战略，具备超强的自制力，同时能够突破自己，通过一步一步分解动作达成目标。

行动力的关键是为自己形成"正向激励"的良性循环。优秀的行动力背后一定有着长时间的自我训练。整体来说，想提升行动力要注意以下五个方面（见图4-7）。

第一，明确动机。动机是成功的关键因素，很多人之所以成功，很多时候只是因为在某些事上保持了比其他人更持久和强烈的动机。深度激发自己的动机，可以在一定程度上提升行动力，让正向激励的良性循环启动。

站在心理学角度，动机一共可以分为以下4种，每种都能以不同的方式影响我们的行为，促使我们做出改变。

1.内在—正向的动机：发自内心地鼓励我们做出积极行为的动机，比

---

[①] 包括成长力、行动力、影响力、思考力和领导力。——编者注

图 4-7 想提升行动力要注意的五个方面

如挑战、期望、激情、满足感、自我确认等，往往能够给我们带来内心的成就感和价值感，使我们完成并巩固整个行为改变过程。

2. 外在—正向的动机：被外在的好处驱动，比如他人的欣赏和承认，或者经济上的奖励。它可能会带来一些行为改变，让人产生一些成就感，但是因为这种动机依赖于他人或外界给予的奖赏和好处，所以其影响力往往也是短暂的，影响范围也是狭窄的。

3. 内在—反向的动机：被内心的负面感觉所驱动，比如感到被威胁，因害怕失败而产生空虚感、不安全感等。它可能会带来一些行为改变，但也可能使人回到改变之前，恢复原状。

4. 外在—反向的动机：被外界可能出现的不良影响驱动，比如可能不被他人给予足够的尊重，有经济、人际上的压力，有来自自己非常重视的人的压力，陷入不稳定的生活，等等。它可能会使人成功，但更有可能让人回到改变之前——被逼着做出的改变都很难维持，容易恢复原状。

如果你希望自己能够长期拥有行动力，就需要找到内在—正向的动机。

第二，这种行动在动机的指导下以目标为导向。有了动机，你还要有具体的目标。行动力和自我感动的努力之间的区别，就在于你的行动是否真的能让你接近目标。所以你在行动之前一定先要有明确的目标，有了目标你才能在行动时果敢、坚持。目标一定要是具体可见、可量化追踪、有时间限制的。

第三，只有大目标还不够，还需要有分解动作。半途而废也是一种极为常见的行动力不足的表现。宏大的目标会让人在想起来时激情澎湃，在落地时却不知道从哪里下手，因为大目标没有被分解为可操作的具体动作。

第四，你要成功发起第一个分解动作。比如你说要去运动，那么穿上运动鞋出门就是第一步，是第一个分解动作。通常情况下第一个分解动作会引发一连串的动作。所谓万事开头难，一旦你踏出第一步，事情也就开始推动了。再比如，你需要做一个 PPT 来进行工作汇报，你因为不擅长而内心抗拒，也一直在拖延，那么你的第一个分解动作就是打开电脑，新建一份空白的 PPT，把工作汇报主题打在屏幕上，并开始做梳理 PPT 框架的心理准备，框架内容是什么或者它是否完美并不重要，重要的是你在 PPT 里打字。而一旦开始打字，你就会发现你的大脑在跃跃欲试地准备进入工作状态了。"第一个分解动作"就像一个启动动作，比如，你要开车，那就拧一下钥匙，点火，然后开动这辆车，就这么简单。

第五，在行动的过程中，创造让你可以及时评估、修正的机会，也就是创造反馈的机会。这个评估可以来自你自己，比如你在减肥过程中用一些电子的运动辅助工具帮助自己记录和反馈；或者来自你周围的朋友，比如你在学习新技能的过程中收到了小伙伴对你阶段性进步的认可，或者你在工作中、在项目推进的过程中收到了领导的正面反馈等。

这个评估与反馈的过程，本质上是一种"正面激励"的条件训练方式。人通常都可以用条件反射来激励自己，强化自己的某些行为。当行动给自己带来了正面的反馈时，我们就会去加强这种行为。

除了以上五个需要注意的方面，我再为大家总结几条提升行动力的小窍门。

1. 学会全情投入当下，面对此刻开始考虑如何分解步骤、解决问题、实现目标。

2. 深入了解自己，挖掘自己的价值认同在哪里，从而找到内在—正向的动机。

3. 专门找时间按照重要紧急程度排序，郑重地写下你要做的事，列出你的要做事项清单，每个事项都尽量写短一点。筛选重要的任务、客观评估可行性本身就是能力，不要心血来潮写很多，做不完你会更抗拒行动。只要能做完要做事项清单上最重要的2~3件，就已经是进步。

4. 把注意力集中在"具体做什么和怎样做得更好"上，而不是放在"要是某某事件发生了我可怎么办"上。不要把注意力放在对未来的消极假设上，不要杞人忧天。

5. 用小成就点燃激情。从小步骤做起，完成最简单的事，你就已经是个行动者。

　　总之，行动力其实也是一个习惯，瞄准目标、果断行动、迅速进入状态，待你养成了这一习惯，你就会自带加速度。拥有优秀的行动力，做任何事你都会不由自主地追求高效率，如果经过 1 年时间的积累，优秀行动力带来的成果一定很丰厚。

第五章

# 变革敏锐度——
## 客观认知挫折，
## 对未知事物保持好奇心

## 〉〉第一节

## 心理韧性：
### 遭遇打击或失败怎么办

变化无处不在，唯一不变的就是变化本身。

工作和竞争不可能总是得偿所愿。当遭遇打击、失败或巨大变化时，有些人可以稍作调整就重整旗鼓，再次出发，有些人则一蹶不振、抑郁消沉。如何做到不被一时的得失、变故、损失左右，客观看待变化、压力和期望呢？其中的关键是心理韧性。

### 你真的不被领导喜欢吗

心理韧性是指心理层面承受压力、挫折、变化后快速复原的能力，是心理的柔韧程度，能反映人在压力和变化之下管理思维方式和情绪、做出判断的能力，也体现为抵抗打击、应对变化的能力。心理韧性决定了一个人在面对困难和不确定性时的思维方式与行为。

心理韧性弱的人，在高压和高度变化的环境下往往无法处理好思维方式与情绪，容易出现无法深入思考、精力损耗、效率低下、关系破裂、错失机会等状况。心理韧性强的人，在高压和高度变化的环境下能表现出更专业、冷静的思考与解决问题的能力，通常不会情绪失控、过度消耗精力，反而能抓住机会，快速进入深入思考的状态，改变现状（见图 5-1）。

图 5-1　心理韧性的强与弱

刚参加工作时，我的心理韧性也很弱，整个人脆弱敏感、看问题不客观。后来，我努力"提升自己的职场钝感力"，始终坚持复盘，培养自己更客观地看待自己、看待变化的环境的能力，训练自己用更长远的眼光理解问题，不受困于"任何低谷或变故"，由此慢慢变得更加自信，也有了更好的职业发展前景。

拥有这种钝感力和对抗挫折的能力，就是心理韧性强的表现，这些能力就像肌肉一样，是可以通过后天的刻意训练提升的，而且这些训练在日常工作和生活中就可以进行。

人生像是一场马拉松，坚持到最后才是最大的胜利。很多时候，人们的思维容易"受困于当下"，爱钻牛角尖，看不到未来的风景。尤其是当你正在遭受打击时，会特别容易忘记自己到底想要什么。

我有一名咨询学员，印象中她是一位积极向上、乐观的销售经理。前几次，她都是做效率提升和精力管理方面的咨询，忽然有一次她对我说："外界的变化太快了，我心情非常郁闷，自己也没有什么能力，也不想继续工作了，真想辞职去游玩。"

仔细询问之后发现，原来是因为她认为新上任的直线领导特别不喜欢她，具体原因不详，总之就是特别不喜欢她。她是一个能被他人认可所激励的人，但这位领导不但不认可她，还经常打击她，让她总有一种挫败感，觉得自己各方面都"非常不顺"。比如开会时，基本上她发言后，领导就会给予方向性的否定，也从不给她大客户的资源，而且只要不是迫不得已，出去洽谈商务合作肯定不会带她，还总给她派一些文书类的工作。要知道，她可是一个时刻准备冲出去"打仗"的销售经理。

对此她感到非常郁闷，觉得自己要被淘汰了，但她很喜欢这份工作，因此不知所措的她来找我咨询，希望我能帮她分析领导不喜欢她的原因，以及她该如何应对。

我听后并没有直接回答她的问题，因为新上任的领导喜不喜欢你，那不是你能决定的。在这个问题上花精力很可能是无用的，不如花点精力做有意义的事。

我帮她梳理了她的实际情况和工作业绩，发现她的销售业绩在过去3个月有所下滑，她原本计划用近两个季度的业绩争取高级经理的升职机会，现在她因为业绩不好而失去了晋升资格。找不到被嫌弃的原因，又无法快速提升业绩，她的心情相当郁闷。

据了解，领导上任后不久就让她做一对一的工作汇报，问了她很多专业问题，业绩不好的她有些心虚，还有些紧张，问题回答得都不好。领导对此很不满意，直接说她思维没框架、表达没逻辑、缺乏策略思维，就是一个冲在一线喝酒应酬、能随时被替代的"销售"。

这样定性，她更受打击了。别说升职无望，似乎连工作都保不住了，因此她更加战战兢兢，业绩能做好才怪。在后来的合作中，领导总是有意无意地让她在会上汇报工作，点名让她发言却又否定她的发言，商务会谈还刻意不带她去，这让她觉得自己被领导嫌弃。她陷入这种情绪中难以自拔，根本无心认真分析市场环境的变化，以及有哪些方法可以提升自己的业绩，甚至因焦虑而产生了睡眠障碍，一到公司就忍不住开启"抱怨模式"。

了解完这一切，我对她说，换工作不是不可以，但是换工作的理由不应该是"逃离"，而应该是"想要"。任何以"逃离"为目的而换的工作，最终还是会导致下一次的"逃离"，所以她要改变自己面对挫折和打击时的思维方式。

为了帮助她看清实际情况，我问了她以下几个问题。

1.现在你认为的"领导不喜欢我"是你的主观判断，还是对方的直接表达？

2.领导提出的关于你的策略思维、表达技巧等问题，是不是真实存在的问题？

3.领导让你在会上发言，有没有可能是有意在锻炼你当众发言、组织语言的能力？

4.你能说出自己以前业绩好但现在业绩不好的具体原因吗？用第一点、

第二点、第三点来表述，从最重要的说起。

5. 假如你和你现在的领导互换位置，你对自己的表现满意吗？

而为了帮她看清自己的需求，我又问了她以下几个问题。

1. 你还记得选择做销售的初衷是什么吗？看中了这份工作的哪些特点？

2. 你还记得你给自己立下的 3 年职业发展目标是什么吗？如果用一个进度条表示，你的目标达成了百分之多少？

3. 对你来说，"被领导喜欢"和"专心把业绩做好"哪个更重要？为什么？

4. 假如让你重新梳理自己未来 3 年的职业发展目标，你会写下哪些关键点？

5. 如果真的跳槽去求职，你清楚自己在职业发展过程中的需求点吗？你能把它们列出来吗？

同时，为了帮助她重新将思维聚焦于"如何做好业绩"，我又问了她以下问题。

1. 如果让你分析业绩最近下滑的原因，你觉得有哪些分析维度？可以从外部、内部、人、产品等多个维度进行分析。

2. 过去一个季度，外部市场环境有什么变化吗？是否受到一些行业新政策的影响，是否出现了新的竞争产品？或者已有竞品出现了新的销售模式？

3. 过去一个季度，公司内部环境有什么变化吗？是否有一些新的流程、策略影响了产品的销售？你现有的销售渠道稳定吗？有没有一些你没有捕捉到的新变化？等等。

4.你是否可以向过去一个季度销售业绩不错的同事"取经"？甚至向你的直线领导虚心求教？

这些问题让她陷入沉思，更关键的是，因为开始"专心"回答这些问题，她的焦虑情绪和自我否定消失了。她开始正视自己的问题和领导的需求，也开始更深入地理解自己的目标。在1小时的咨询结束后，她重新变成了那个踌躇满志、充满自信心的"准销售精英"了。她对我说："瑞米老师，你说得对，当我把目标重新梳理清楚后，我的心情平静多了，也不想跳槽了，也许我可以用对待客户的心态来对待我的领导，把领导维护好，重新获得领导的认可，而不是像鸵鸟一样逃避。"

很多时候，我们觉得自己遇到的事情如同跨不过的高山，可是一番抽丝剥茧后就会发现，这些事情不过是一点小波动，与未来那个更清晰的目标相比，当下的变故与情绪显得那么渺小。

现实工作中，除了找导师咨询，如果能有人不断提醒你或者自己想办法提醒自己，未来还有一个更高远的目标，当下这点小打击、小挫折、小变化不算什么，会大大缓解你当下因受打击而产生的低落情绪和挫败感。

## 培养心理韧性的三个方法

这里再介绍一下我在工作实践过程中总结出来的三个培养心理韧性的方法。

方法一：始终提醒自己铭记目标，保持自我激励。你可以使用以下三个工具："目标提醒页""关键问题清单"和"目标回顾日记"（见图5-2）。

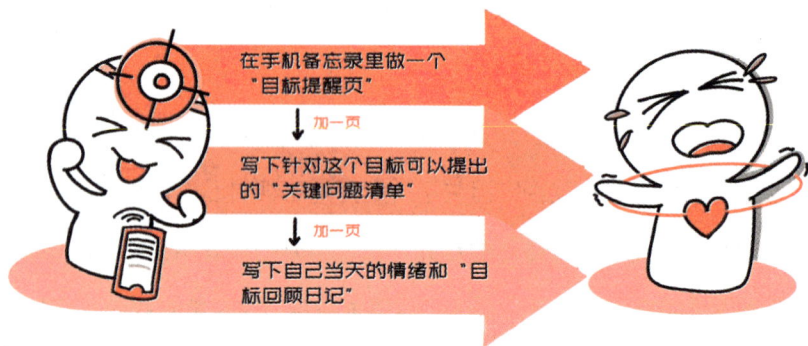

图 5-2　用目标进行激励的三个工具

第一个工具：目标提醒页。你可以在手机备忘录里做一个"目标提醒页"，用文字描述你的人生追求、年度目标或月度分解目标。这些都是让你想起来就备受激励的目标，你可以把这些目标复制在备忘录里，作为你的"目标提醒页"，时刻提醒自己什么是重要的人生追求。每天早晨起来拿出来看一看，当你着眼于长远的目标时，眼下的困难和纠结也就不算什么了。

第二个工具：关键问题清单。你可以在"目标提醒页"后再加一页，写下针对这个目标可以提出的"关键问题清单"，清单中有可以引导、提醒自己在达成这个目标的过程中，可能出现的关于内外部一切因素和环境分析的问题。在感到事情不顺利、进展受阻时，你可以拿出这份清单，对照着回答那些问题，厘清自己的思路。"关键问题清单"可以定期迭代、升级。

第三个工具：目标回顾日记。你还可以在"关键问题清单"后再加一页，每天写下自己当天的感受和"目标回顾日记"，写下在达成长远目标的过程中，你有了哪些小的里程碑或小成就。写着写着你就会发现，你已经能从当前沮丧的情绪中抽离，渐渐平复，并且你会因为长远目标的激励重燃斗志，学会对"变化"进行客观、冷静的分析。写完"目标回顾日记"请认真存档，以便日后回顾。所谓"放眼全局大目标，着手当下小成就"。

　　**方法二：建立定期记录和梳理成就事件的习惯。**简单来说，就是多想想自己以前有"多厉害"，完成过哪些当时看起来不可能的事。很多人之所以来找我做职业生涯规划或人生规划，就是因为在职场或人生的某个阶段遇到了困难，觉得自己无法克服了。我在做咨询前，经常会让对方填写一个量表，量表中有一些需要填写的事项，包括"回忆并仔细梳理你过去几年职业生涯中的三个成就"。这个操作非常有效，很多来做咨询的人的第一句话就是"不梳理都快忘记了自己原来还有这样的成绩"，越写越觉得自信满满（见图 5-3）。

图 5-3　定期梳理成就事件

　　所以，你在平时也可以养成梳理成就事件的习惯，做每日复盘时想一想今天有什么小成就、小开心、小进步，并记录下来，感到低落时翻出来看一看。这是心理学上非常有效的一个方法，可以帮助人们更好地认识自己、给自己打气。的确，人们经常忘记自己的那些成就，反而特别容易因为失败的尴尬深深记住那些自己没做好、被批评、受打击的瞬间，反复咀嚼、反复自我打击。

具体来说，你可以写下自己感到骄傲的个性、掌握的生活技能、得到的赞美、付出的爱心、提出的创意、影响过的人等。尽量丰富你的列表。

你还可以每过几天就再写一些新的事情，持续更新。你可以把成就事件列表放在床边或手机备忘录里，这样就不会遗漏睡前或起床时脑海中冒出的想法，要让它成为一个一直在变化、一直有所补充的动态列表。

以下是我从一些学员的列表中摘录的例子，你可以参考这些例子。

1. 找到了自己喜欢的工作，虽然充满挑战却过得充实、有成长感。

2. 坚持运动瘦身，2个月瘦了5斤，并控制了自己的饮食。

3. 自己做了一份很不错的烘焙蛋糕，得到朋友们的一致好评。

4. 利用业余时间学习了高阶的表格技巧。

5. 学习了一个关于精力管理的在线课程并付诸实践，感觉自己的行动力有所提升。

如果马上想不出来，你还可以约你的朋友们聊聊天，看看在他们眼里你取得过哪些"成就"。

1. 你曾在什么时候很好地应对了困境吗？

2. 哪些个人品质让当时的你克服了困难、获得了朋友们的赞赏？

3. 你做过的哪些事情让朋友们特别佩服？

方法三：转换视角。试着让自己以第二人称的方式与自己对话，把自己称为"你"；或者从当下走出来，站在未来想象当下的情形。思维与当下的境遇"保持距离"可以让你更客观、更理智、更具有分析能力，这一观点经过科学的心理学实验证明（见图5-4）。

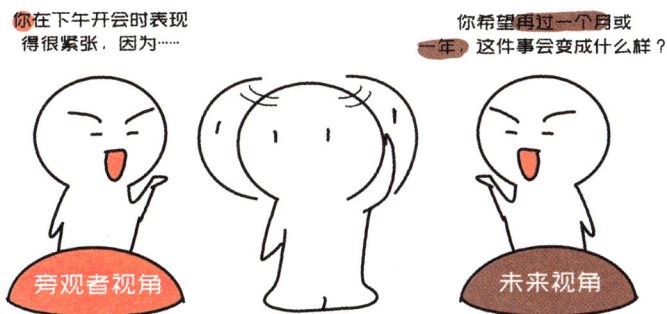

图 5-4 站在旁观者视角和未来视角

这个原理很好理解，我们常在深陷自我否定和各种情绪时无法客观判断问题，却可以在朋友们遇到挫折时客观冷静地帮助对方分析形势。所以，如果你能"做自己的朋友和旁观者"，以第二人称的角度分析问题、提出建议，那么你的思路会清晰得多。

**1. 旁观者视角，与自己对话。**比如，你对下午的一个客户拜访感到紧张，那么你与其对自己说"我很担心今天下午的客户拜访，因为……"，不如用第二人称对自己说"你对下午的客户拜访感到很紧张，因为……"。

**2. 未来视角，与自己对话。**问自己："再过一个月或一年，我会怎么看待这件事？"这个方法很简单——直接拉长时间间隔来看待一件事。你可以对未来有明确的预期，比如"你"希望再过一个月或一年，这件事变成什么样子？为了达成预期，"你"现在应该开始做什么？

## 〉〉第二节

## 快乐的能力：
### 积极心理学和挫折修复系统，让你从容应对变化

不同的人眼中会有不同的世界。我看到过因为自己身材矮小，就自卑到甚至有些极端的同学（真实事件，其实他特别优秀，年年获得奖学金）；也看到过同样身材矮小，却会在演讲的一开始先调侃一句"坐在后排的同学们能看到我吧"，用自嘲引发大家关注与好感的同学。同样一件事，用不同的眼光看待，会有完全不同的结局。你如何理解快乐，决定了你将度过怎样的人生。

### 让自己多产生一点多巴胺——积极心理学

外部条件可以决定我们的快乐程度。实际上，即使你了解所有的外部条件，也只能预测出你长期快乐程度的10%，剩下的90%都不是可以用外部条件预测的，它取决于你的大脑如何理解这个世界，这就是积极心理学的理念来源。

当人产生积极的心态时，多巴胺就会进入人的大脑系统，并发挥两个作用。

第一，使人更快乐。

第二，打开大脑中几乎所有的学习中心，让人以另一种更有创造力的方式适应变化。

后者带来的效果非常关键。在一个连续进行 21 天、每次进行 2 分钟的实验里，研究人员发现可以重新连接受试者的大脑线路，使受试者的大脑变得更积极。比如，著名的积极心理学家肖恩·埃科尔（Shawn Achor）正在做的研究，受试者每天必须写下 3 件他们想要感谢的事情，连续写 21 天，每天写 3 件新的让自己开心、感到感恩的事情。在实验结束时肖恩发现，受试者的大脑会形成一种模式，那就是倾向于用积极的心态看待这个世界，而不是消极的。这让他们更快乐，也让他们的大脑更敏捷。冥想、感恩训练、主动创造闲暇时间联络情感、偶然的善举（写一封邮件表扬或感谢认识的某个人）等，都是不错的训练积极心态的方法。通过这些行为，人们的确可以彻底改变快乐和成功的准则。这样做不仅有积极的影响力，还可以带来一个真正的快乐革命。

大家可以在 TED 演讲上搜到肖恩·埃科尔关于积极心理学的演讲"改善工作的快乐秘诀（The happy secret to better work）"，非常具有启发性，而且整个演讲过程没有一点说教，风趣幽默，引人入胜。

这项让你更乐观、让你的大脑更积极的能力，可以帮助你很快从挫折和变化中得到修复，以乐观的心态和角度看问题，并快速适应正在发生的变化，迅速找到解决方案。

罗振宇曾在他的演讲中提到，在如今这个时代，我们不是要"战胜困难和变化"，而是要"习惯困难和变化"。困难和变化有时是这个世界的一种常态。遇到困难、挫折或打击时，人不可能情绪不低落，如果你有一套易学易用的方法来帮助自己快速看清现实、恢复韧性，那么这套方法就是你的核心竞争力。

## 建立挫折修复系统

为了提升你对抗变故、从挫折中修复自我的能力，我在这里提供一个方法。你可以找个安静的时间，倒一杯水，坐下来，打开电脑，建立一个名为"暂时的变故或挫折"的文档。注意：文档名一定要是"暂时的变故或挫折"，这可以给大脑一种暗示，让你"感觉"这件事没那么严重，完全可以被解决。

建好文档后，你可以执行以下四个步骤，从而建立挫折修复系统。

第一步，描述这个"变故或挫折"。先简单地"倾倒"大脑中关于"变故或挫折的信息"。写下你的大脑在面对这个变化时产生的所有想法，你可以利用以下提示完成思考：我对这个变故或挫折的预期；这个变故或挫折现在造成的结果；这个变故或挫折造成的影响；我对这个变故或挫折的感受；其他关键的人对这个变故或挫折的看法；最让你感到郁闷和无助的地方（这一点至少写3个）。

在这一步，你要一直写，直到你觉得自己把这件事的所有信息都交代清楚了再停下。

第二步，为"变故或挫折"分类。写完后通读内容，筛选出对你来说最致命的结果或影响，然后将其分成两类：一类是你感觉在一定程度上可以弥补、可以改变的事情；另一类是你认为自己解决不了或已经造成、无法挽回的事情。

对于第一类事情，把你可能采取的所有行动都写下来。对于第二类事情，也就是那些你认为现在解决不了、完全无法挽回的事情，进行下面的第三步。

第三步，将第二类事情转换成问题。上文讲过，当我们把一件看似不能解决的事变成疑问时，大脑就会自动尝试回答这一疑问，尝试回答的过程就是努力解决这件事的过程。把第二类事情中每一件事情的有关疑问写下来，如果能一步一步地找到每个问题的答案，问题就会迎刃而解。

关于寻找答案，你可能自己想出了解决问题的方案，也可能在与别人的对话中突发灵感、想到办法。通常情况下，最简单的解决问题的方法，是向能帮上忙的人求助。现在，想一想你可以和谁讨论这个问题的解决方法。这个人可以是你的导师、朋友、同事、家人、合作伙伴、团队或任何你信赖的人。

讨论时，常见的问题如下。

1. 这件事情给我的教训是什么？

2. 如果想让这件事"不那么糟"，我需要哪些条件和帮助？

3. 有哪些条件是我现阶段不具备的？我该怎么做才能具备这些条件？

4. 我可以向哪些人寻求帮助？

5. 我还可以使用哪些资源？

6. 我可能面对的风险是什么？

第四步，设定行动计划。在日历中具体规划采取行动的时间，解决每一件事情对应的每一个疑问，并给完成每个行动设定最后期限，这样你就更有可能积极地完成它。想好可以向谁求助、需要准备哪些条件后，就行动起来。因为你之前针对这个问题已经想了很多，所以在行动时你会带着

有类似"半成品"的解决方案的系统，同时随着疑问一个个被解答，你会
感觉被激励，情绪越来越积极（见图 5-5）。

图 5-5　用四个步骤建立挫折修复系统

以上四个步骤可以帮助你更客观、细致地看待变故与挫折，并尽量把
它们转化为可完成、有完成期限的行动。

## >> 第三节

# 成长型思维：
## 如何应对行业的高速变化

既然变化无处不在，那么，我们就必须正确地面对它。

身处行业旋涡，我们或许做不到"任尔东西南北风，我自岿然不动"，但可以培养自己拥抱变化、多角度审视变化、提前预测变化、在变化中生存的能力。成长型思维正是培养这种能力的关键。

## 各个行业高速变化，充满风险

熟悉医药行业的人都知道，最近几年有一个总被提及的词叫"带量采购"。它是指对于那些已经过了专利期、仿制品较多的产品，国家会压低价格带量采购，以"薄利多销"的策略管理竞争，并最大限度地削减制药公司的产品利润，减轻国家医保支付方面的负担。

价格能有多低呢？网上有个段子，说某治疗糖尿病的产品被"带量采购"之后，价格已经低至几分钱一片，要是喝矿泉水吃药，因喝药喝的这口矿泉水可能都比这片药贵。也许对消费者来说这是好事，但是我想站在制药公司的角度看这件事，产品价格被削减得远低于研发成本价，意味着公司无法用该产品扩大盈利，产品利润微薄甚至会造成生产亏损，制药公司无法再负担该产品的业务推广成本，同时也无法再负担销售团队和学术支持团队。所以，当一个产品拟进入这种状态的时期，也就是一个公司"蠢蠢欲动"开始裁员的时期。"带量采购"正式公布的时候，也就是大量裁员发生的时候。

这种巨大的行业变革就发生在过去的几年中，有多家公司的产品推广团队因为"带量采购"而直接缩编为零。

如果你是该行业销售团队和学术支持团队中的一员，你该何去何从？

在这种行业变化趋势第一次发生前，人们无法提前预知它，所以当它发生时，作为行业内的职业经理人，能否具有变革敏锐度和前瞻性，做好准备，以保证在变革出现时自己不受影响或者少受影响，就成为关键。有的人在发现自己正在做的产品没有前途时，会选择跳槽到另外一家公司换个产品继续做类似的工作；有的人则留下来观察在这种变化发生时组织的变化，从中寻找机会，甚至借机升职。"带量采购"的产品要不要做推广、怎么做推广其实都是未知的，也存在多种可能性，如果你有想法，公司很可能会给你提供机会实现它。

但是，不管选择是走还是留，都需要具有前瞻性，等到公司开始缩编时你再抱怨"这世界变化太快，我还没准备好"已毫无意义。变化发生时，你的思考不应该是下文这种下意识、情绪化的。

1.为什么行业会这样？我当初是不是选错了！

2.为什么这种事会发生在我的身上？

3.这不公平，我太不幸了，好委屈！

4.我太差劲了！为什么不裁掉别人而裁掉我！

这些问题和自我攻击除了让你更加沮丧、缺乏行动力、被动挨打，没有任何意义。你应该进行积极思考。

1. 已经发生的这件事对公司和个人会产生哪些影响？哪些是显性的影响？哪些是隐性的影响？

2. 在未来 6 个月，行业内还可能发生类似的事情吗？

3. 现在我有没有可能做点不一样的事，在这种变化中找到一些机会？

4. 之后我该怎样规划自己的职业发展，以此避免自己处于这样的旋涡？

如果你无法快速想到解决方案，可以问自己如下问题。

1. 我可以向哪些资深人士咨询并获得一些指导吗？

2. 我可以从哪些行业发展信息中获得一些启示？

3. 我是否需要趁这个机会给自己一个职业发展的间隔年（gap year），好好探寻自己在职业发展方面的思维方式和行为模式，以求在未来的竞争中更有优势？

这些开放性的问题，可以让你更深入地审视自己，同时找到新的可能性。

这是个人层面的思考，关于公司层面，其实我们也应该有所思考。虽然公司的管理决策是公司股东应该考虑的事情，但是作为员工，如果我们能有意识地锻炼自己从股东和管理层角度思考问题，那么我们对未来趋势的把握会越来越好，变革敏感度也会越来越强。

比如，在公司层面，为了规避产品在未来进入"带量采购"的状态，是否可以提前做些策略布局和组织准备？顺着这个思路思考，你就可以找到可能的"战略性解决方案"。例如，公司应该在研发方面投入更多的资金，开发新产品，让更多的新产品线在"专利期内"为公司赚取利润，填补"专利期外"老产品的利润下降。又如，公司要研究与国家"带量采购"政策相对应的治疗领域，在这些治疗领域内布下更多的产品线，不断进行"更新换代"，让老产品快速退出一线市场，或者进入更下沉、更广阔的市场，将新产品更快地上市，在一线市场迅速投入使用。这些都是在变化来临之前我们可以做准备的方向。

我们需要培养变革敏锐度，它对个人职业发展来说非常关键。

## 成长型思维

成长型思维是心理学家卡罗尔·德韦克（Carol Dweck）提出的，成长型思维的核心在于：始终自我检验、自我发展、自我激励和拥有责任感。拥有成长型思维的人，可以在任何时候接受自己的不完美，并愿意找出原因，持续完善自身的思维和行动模式，不断适应变化，甚至引导变革。

用成长型思维武装自己，你的人生会有质的提升。

多年来，我从除博士学位之外毫无其他竞争力的新人，从丢三落四、自卑敏感、沟通能力差、情商低、思维憨直、顾头不顾尾、差点连实习都没通过的职场菜鸟，到历经 14 年的医学、销售、培训、市场、数字化营销等多个岗位的磨炼逆袭成公司的保留型人才，并成功地将精力管理这一业余爱好发展为咨询培训副业。下面这些认知和心态都是我刻意练习过的，其中有好几条都与面对职场逆境时的心态、面对变化时的敏锐度有关。

1. 正确面对他人的反馈。我读博士时比较内向，平时并不爱社交，其实社交恐惧患者，大部分都没有稳定的内在评价体系，而是默认自己处于被别人评价的位置。这类人担心自己的一言一行都会得到别人怎样的评价，其实，别人的评价只是对我们当时的言行的反馈，大可不必将这种反馈当作"终身贴在身上的标签"，要有"任尔东西南北风，我自岿然不动"的气魄。

2.永远思考有什么创新的方式能解决当下的问题。我认为，老方法解决新问题的做派最终会被渐渐淘汰，让人快速适应世界变化的自我训练方法之一，就是在变化到来时迅速寻找新的解决思路。平时还可以这样训练自己：哪怕对于某件事，你已经找到了解决方案，你也可以深入思考以下问题，比如，还有没有更好的解决方案？更有效、省钱、省时间、省力气的解决方案？还可以从哪些角度探寻出路？这样的训练做得多了，你自然就有了思维多样性，面对变化也可以"宠辱不惊"了。

3.勇于承担责任，即使在变化中，也勇于发现自己的问题。一些人下意识地推卸责任，大多情况下，这都是在为自己找借口。

"昨天开会的时间比预计更久，所以我片子没做完。"

这是在用开会的时间安排，当作没有完成任务，养成今日事、今日毕的习惯的借口。

"部门新换了领导，我们的配合不默契，所以我最近的工作做得不好。"

这是用外部环境的变化，当作没有快速对变化进行应对的借口。

"是因为他们部门规则变了，所以我们才没能把方案做出来。"

这是在用别人的规则变化，当作自己没有想办法完成自己的工作、积极跟进的借口。

不要因为外界环境变化怨天尤人，也别急于把一切归咎到别人身上。大多数的埋怨，只是为了证明自己是对的，是受委屈的。而理解问题的本质，比一味地埋怨和愤怒更有意义。我现在已经很少"证明自己正确"，更多的是"求同存异"，并且非常开放地聆听新的立场、观点、变化到底在哪里，其中有什么可借鉴之处？多站在他人立场考虑问题，审视自己可能存在的偏见。

## ›› 第四节

## 变革敏锐度：
### 如何更好地应对变化、引领变化

　　本节为大家重点介绍变革敏锐度。在高速发展的互联网时代，培养变革敏锐度尤其重要，与变革敏锐度相关的个人素养维度很多，除了前面几节重点介绍的心理韧性、积极思维、挫折修复系统、成长型思维等基础心态，本节还会针对与变革敏锐度有关的五个重要的素养，详细讲解相关概念及如何培养这些素养。

　　变革敏锐度是学习敏锐度的重要维度之一。变革敏锐度较高的人乐于变革和接受挑战，会持续探索新方法并对引领组织变革充满兴趣。而良好、积极的心态是培养高超的变革敏锐度的前提。

　　你可以通过思考自己过往的经历，判断自己的变革敏锐度如何。

　　1.列举一个弥补某事或使某事转危为安的例子。

　　2.列举一个你看到的以不同方式完成工作的机会。

　　3.列举一个过程中障碍重重、充满冒险的变革。

　　4.列举一个你引导的不受欢迎或令人不安的变革。

　　5.列举一个你非常想实施的想法。

通过这些问题，我们可以复盘自己如何思考现状、期待未来、面对冒险、接受挑战、对他人的消极反应做出回应，以及实施想法。

为什么转危为安的能力特别重要？因为处理危机和冲突的能力在现代职业发展中非常重要，快速变化的互联网世界让很多老旧的成功模式逐渐失效，突如其来的疫情也几乎让每个人都感受到了危机。真正有潜力的人，要善于从"危险"中发现"机会"并快速完成转化。那些第一批将商业模式由线下转型为线上的人，都是能够转危为机的高手。

如果能以不同的方式完成工作，意味着你的思维较广。死板、固执的人总是用既有的成功经验应对新的变化，一遇到失败和挫折就备受打击，并将一切归咎于外部因素，不思考自身怎么改变。实际上，解决问题的办法多种多样，只要拓宽思路，不但有可能另辟蹊径，甚至有可能从源头杜绝问题发生。

## 五个重要的素养

按照光辉国际与相关文献中的分析，拥有变革敏锐度的人通常具有五个重要的素养，分别是持续改进、远见卓识、勇于尝试、管理创新、引导变革（见图 5-6），具体内涵如下。

1.持续改进。具备这一素养的人能够对事物的当前状态保持适当的质疑精神。无论是从小的尝试中还是从大刀阔斧式的变革中，他们都能发现快速创新和变革的好处。一些在公司内部常见的优化流程，就是持续改进的例子。如果一名员工总是尝试进行流程的优化，那也是具有变革敏锐度的表现之一。

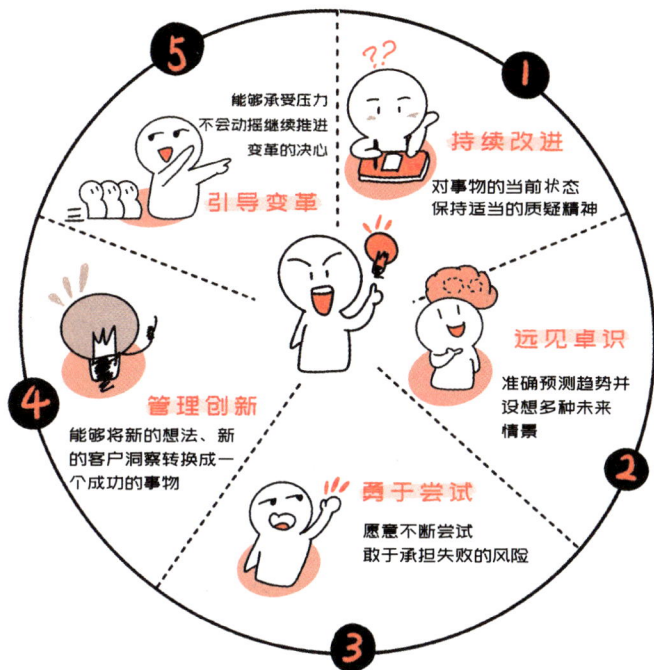

图 5-6　拥有变革敏锐度的五个重要素养

　　新出现的工种和岗位尤其需要持续改进这一素养。上文中和大家分享过，我刚接触医学信息沟通专员这一岗位时，没有任何工作指南可供借鉴，连清晰的描述、岗位 KPI 及流程确认的标准都没有。我在医学部其他岗位长久养成的工作方法和习惯并不适用于这个新兴的、需要不断向客户快速反馈的岗位，所以我和跨部门的关键合作团队一起经过 1 个月的摸索与优化，提出了具体的优化医学信息沟通专员的工作流程的方法，如分层对接客户并提供服务、将常见问题标准化等。这些方法极大地提高了团队的工作效率，获得了内外部客户的认可。

　　不仅是新出现的工种和岗位需要变革敏锐度，哪怕你做的事是一些习惯性的、耳熟能详的日常工作，你也要想一想有没有可能进一步优化工作流程，效率是否可以提高，能否产生更好的结果。这个思考会促使你引导一些变革。处于"如何能够更有效、更有用"的思考角度，你就可以萌发出很多有关变革、创新、优化的好想法。

2. 远见卓识。具备远见卓识这一素养的人能够准确预测趋势，并能设想多种未来情景。他们研究历史、趋势、事物的相似之处和他人总结的经验教训，并且提出看待困境或机会的新方法。

你可以经常做行业报告、阅读行业资讯，也可以经常找行业内较优秀的人进行咨询，从他们那里获取相关知识和对行业的洞察，提升自己对行业的认知和敏感度。长期积累后，则会增强你对整个领域的判断力。

3. 勇于尝试。具备这一素养的人愿意不断尝试，敢于承担失败的风险。因为失败也是一种反馈，凡是反馈都可以从中学习。拥有变革敏锐度的人可以开放地拥抱一切结果，不管这个结果是成功还是失败，对这类人来说，尝试这一过程本身就是一种激励。

一些人在中年以后甚至到了晚年还在尝试新东西，并且坚持不懈、追求新的目标。这样的人大多数都能有所作为，比如褚时健，他可以在 70 多岁出狱之后继续创业，勇于尝试，同时也敢于接受一切结果。

4. 管理创新。这里的管理创新并不是指对管理模式的创新，而是指创新管理者能够将新的想法、新的客户洞察转换成一个成功的事物。这个成功的事物可以是一个产品，也可以是一项服务。管理创新者能非常深入地理解产品和服务在成型的整个过程中需要通过什么路径、需要具备哪些条件、可能遇到哪些风险。他们对于这些问题有一套清晰的思路。

从思考到落实项目的整个过程体现了变革敏锐度中管理创新这一素养。

具备管理创新素养的人可以从一个"想法 + 洞察"开始，打造出一个创新的"产品 + 附加服务"，并落地成行动方案。

5. 引导变革。善于从容引导变革的人能够承受压力，甚至在特殊情况下依旧如此。他们通常能平衡客观性和同理心，很好地处理他人对变革的抗拒，并且不会动摇继续推进变革的决心。

这是更高层次的素养，这类人能看到普通人看不到的未来，也能洞见可能出现的趋势和需求。他们会坚持不懈地朝着既定方向前进，并且能带领周围人一起朝这个方向努力。

很多洞察行业趋势的人，在创业早期都经历过这个阶段，他们周围的人"因为不了解，所以不看好"，而他们自己不管遭受什么打击，都始终坚持自己的追求。成功的企业家通常都具备这种特质。

## 培养变革敏锐度需要刻意练习

变革敏锐度可以划分为四个层次，分别为较低、典型、较高和过度（见图 5-7）。

较低：处于这一层次的人对事情原来的样子感到舒适，关注当前，坚持使用经过验证的解决办法，会因为他人的否定轻易打消念头，反对创新。

典型：处于这一层次的人在觉察到需要改变时，会考虑"如果……会怎么样"，这类人愿意尝试并接受不同的方法，试探性地考虑他人的关注点，喜欢用可发展的方法进行创新。

较高：处于这一层次的人质疑现状，预想新的可能性，总尝试新方法，可以在压力之下前行，并引入大胆的创新方法。

过度：处于这一层次的人为了改变而寻求变革，追求变革时过于冒进，不顾他人对变革的不适。

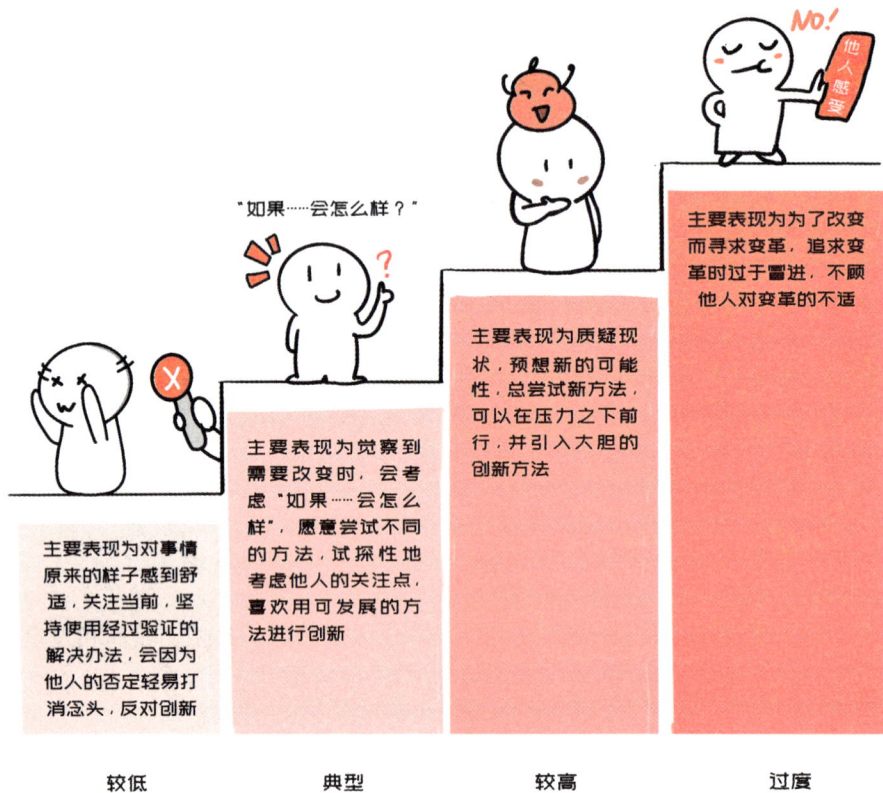

"如果……会怎么样？"

主要表现为对事情原来的样子感到舒适，关注当前，坚持使用经过验证的解决办法，会因为他人的否定轻易打消念头，反对创新

主要表现为觉察到需要改变时，会考虑"如果……会怎么样"，愿意尝试不同的方法，试探性地考虑他人的关注点，喜欢用可发展的方法进行创新

主要表现为质疑现状，预想新的可能性，总尝试新方法，可以在压力之下前行，并引入大胆的创新方法

主要表现为了改变而寻求变革，追求变革时过于冒进，不顾他人对变革的不适

较低　　典型　　较高　　过度

图 5-7　变革敏锐度的四个层次

我们的目标是培养适当的变革敏锐度，成为目标明确、见识深刻、审慎冒险的人。变革是必然的趋势，世界永远在发展和变化之中，大到行业，小到个人生活，都是如此。我们可以通过以下 10 个方面培养自己的变革敏锐度。

1.对事物有好奇心，对新鲜的想法富有激情，愿意尝试有待检验的事情，具有创造性和创新性，善于思考和演练"假如……然后"，并且付诸实践。

2.持续关注事件，并从不同的角度改善结果，善于提出多种方案，致力于持续改善。

3.使用新视角看待旧问题，能不断尝试用新的办法解决问题。

4.不仅愿意"想"，更愿意"做"，永不满足，保持变革心，能够独立选择并实践创新的想法。经常问自己："为什么不能做到？怎样就可以做到？"

5.眼光长远，处理问题时具备韧性，能够领先于他人承受和消化变革带来的负面影响。

6.不惧怕风险，不惧怕挫折，有应对变化时的刚性储备，如存款等。

7.发现变化后及时调整，不贪恋过往，不沉溺于沉没成本。

8.任何时候都有备选方案，有两手准备。

9.提前预测，判断趋势，小步快跑，试错迭代，不苛求完美。

10.要有眼光，同时有说服力，能快速展现所引导的变革将带来的价值，让大家参与变革。

不要用单一的方式解决问题，永远锻炼自己用多种方式解决同一个问题的能力，慢慢地你就会发现，解决问题是有层次的，选择在不同的层次上解决问题，你的变革敏锐度会随之增强。

头脑里知识少，解决问题的方式就单一。当你头脑中的知识足够多、信息储备量足够大时，你考虑问题时的角度就会更多元化，也更广阔，你在面对各种困境和问题时的解决方案也更有创新性。

所以，在培养变革敏锐度这个角度，综合上文的案例和理论，我认为以下三个方面的事情必须做好。

第一，要用各种方式，不断获取最新、最重要的信息。不论是自己找资讯，还是问行业专家，让自己在相关问题和困境方面的信息储备量足够大。保持对行业最新资讯的敏感度，这可以帮助你产生更多的解决方案，也是培养变革敏锐度的基础。

第二，通过刻意练习训练自己看问题的角度。站在不同的立场、用不同的价值体系看待同一个问题，然后寻找解决方案。

第三，对于已经找到解决方法的问题，要训练自己有意识地思考有没有可能存在更有效的解决方法，能不能更快速地解决这个问题，或者有没有可能存在与当前模式完全不一样的解决方式，以及有没有可能用解决这个问题的方法解决某一类问题。这些训练都可以帮助你提升整体的变革敏锐度。

总之，变革敏锐度是可以通过训练得到的，看问题的角度、深度、广度与变革敏锐度紧密相关。如果你能在职业生涯的一开始就有意识地观察、了解、识别、训练自己的变革敏锐度，多从事物的积极面出发，多提升自己对"可能性"的认知，你的变革敏锐度必将越来越强，未来的发展前途也将不可限量。

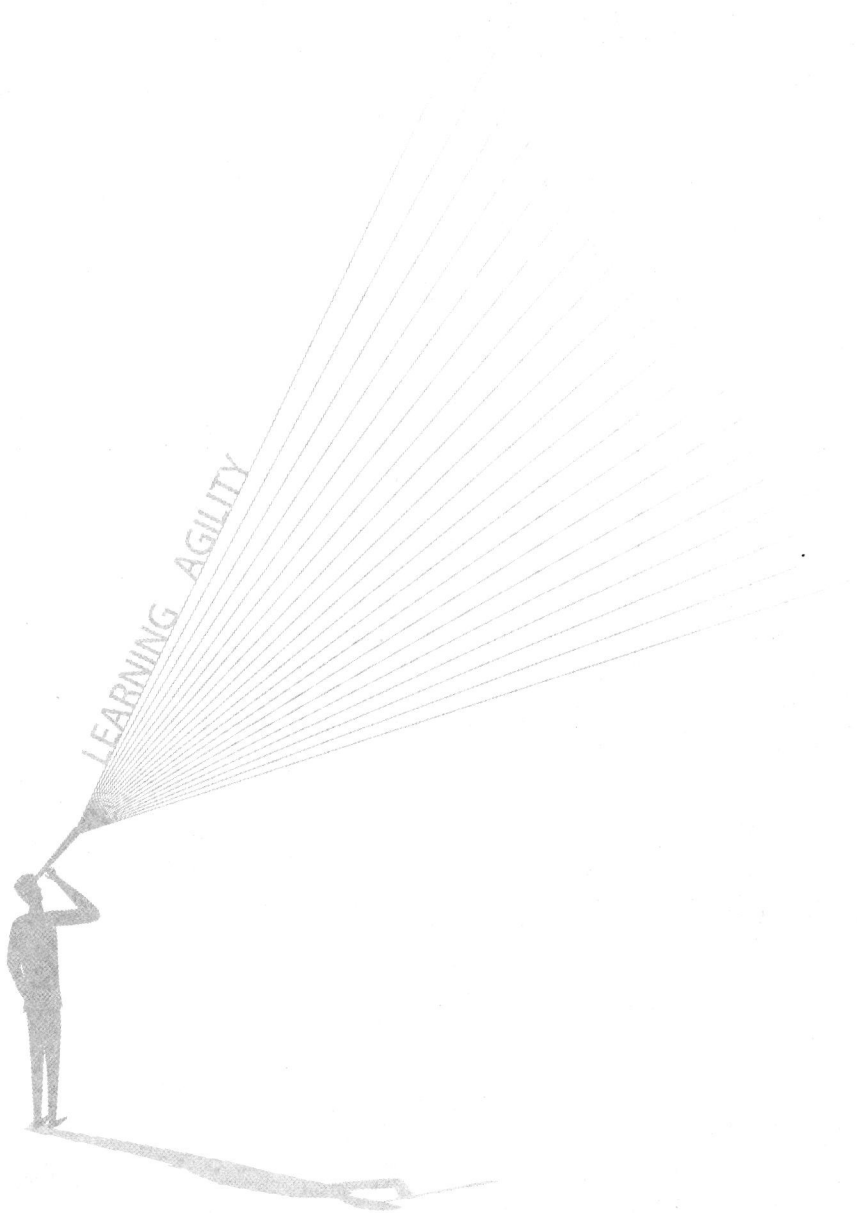

LEARNING AGILITY

第六章

# 结果敏锐度——
# 一个人与一支队伍

## >> 第一节

## 引领团队：
### 领导力的四个发展阶段

成功是每一家公司都追求的。很多优秀人才在"单打独斗"时特别有"结果导向"意识，也能一次又一次创造好业绩，而成为领导之后却发现，驱动"结果导向"完全不像一个人奋斗时那么容易。

### 初当团队领导，我也"踩坑"

我在职业生涯早期没有什么领导力，甚至可以说是一个失败的领导。印象中第一次带团队带了两个人，这两个人性格迥异，一个乖巧懂事，另一个独立自主。乖巧懂事是我的评价，她比较听话，我让做什么就做什么，不少做一分，也不多做一分。当年我以为这是好事，但现在来看，其实这是有欠缺的：主动性和担当都不够，只顾扫好自己门前的雪，其余的不闻不问，如果酱油瓶不归她管，真的是倒了都不会去扶。

另一个成员相对能干，绩效却不稳定，做事总挑剔，而且口气特别生硬。每当我指出不足之处，她总能第一时间抛出很多"理直气壮"的借口，经常弄得我哭笑不得。当时我毕竟也很年轻，没有太强的定力和包容心，无法理解她的立场，也不会循序渐进地引导她，双方产生了很多矛盾，以至于后面我对她特别不满意，而她也去找人事经理，说我对她"过分严格"。

现在回想起来，不管这个员工的素养怎么样，当时我的"功力"的确不够。一个好的领导应该可以管理和引导任何下属，能用适当的方式激励对方、帮助对方成长。

通过在职场中积累、历练，渐渐地，在遇到任何类型的下属时我都能谈笑风生地对其施加影响，因人而异地与之沟通，给予有效的（不仅是正面的）反馈来帮助对方成长，达成团队绩效。

其实，我觉得领导力不是一项单独的能力，而是一项综合能力，是一种高阶的影响力，领导力强弱并不取决于职位的高低，而取决于我们能否从宏观和大局出发看问题。领导力代表一种更远大的思维和责任格局，关键在于我们能否跳出个人局限，以整体、多面、均衡的思路带领团队应对复杂的世界。

领导力是具有前瞻性、引导力、责任心和管理能力的综合，能持续为他人赋能，激发每个人的潜力，让大家有更优秀的表现。其实在职场中很多团队的高层领导拥有的只是管理能力和技巧，很多执行能力强的员工反而能将领导力发挥得淋漓尽致，他们把自己视作激励者、协调人或沟通的桥梁，得以更好地发挥领导力与影响力。人力资源领域有个非常著名的词，叫作 influence/lead without authority，即没有权威职位情况下的领导力/影响力。

在国际组织与领导力协会（IAOL）的高级领导团队发展项目中，人们尝试对"个人领导力框架"下定义，提出领导力包含如下两层含义（见图 6-1）。

图 6-1　领导力的两层含义

一是"处事"，包含能力和经历。其中，能力是指技能和行为；经历是指经验和反思、应对的能力，这两点共同决定我们的处事结果。

二是"做人"，包含人格特质和动机。人格特质是指个人具有的品质、资质、个性特质和智力；动机则是指影响个人职业路径、目标的兴趣和价值观，这两点共同决定我们将去往哪里、成为谁。

评估一个人的领导力时，我们会探索这个人为什么这样做事、这样选择，其激情、动力都来自哪里，以及他会引导团队用什么样的激情去做事。归根结底，领导力代表值得信任的能力和值得期待的共同目标。

## 当领导要经历的四个阶段

大部分员工都是因为个人绩效好而成为领导的，我也一样。刚当领导的那段时间，我恨不得事无巨细，万事亲力亲为。为什么呢？因为员工做事实在是太慢了！

1. 与其耗费大量时间、精力与对方讲你到底要什么，还不如自己动手。

2. 与其讲完之后对方貌似理解但交上来的东西与你想要的大相径庭，并在这个过程中不断浪费时间和情绪，还不如自己动手。

3. 与其拿着下属 70 分的方案苦口婆心地辅导一番，还不如自己改。

我的思维陷入了误区，认为什么都没有自己做快。我自以为是地认为："靠他们，团队绩效会下降的。以我优秀的能力，一个人就可以是一支队伍！"事实证明，一开始我还能"救救火"，但时间一长就开始吃不消了。

虽然当了领导，但自己已筋疲力尽，每天加班，任务的上传、下达和执行，通通由我自己来。

下属一开始还在旁边观察学习，但慢慢陷入习得性无助，开始"看着我忙"。

有人甚至心存看热闹的心态，觉得"既然你那么能干就都你来干吧。"

结果可想而知，不但高绩效没有得到维持，团队稳定性反而成了问题——有的人因为"没有价值感"而离开，有的人因为"没有成长"而离开，有的人虽然留了下来却只是在磨洋工……

最后，辛苦的人依然是我自己。血泪吞得多了，我才慢慢总结出经验，认识到当领导要经历以下四个阶段（见图 6-2）。

第一阶段是刚从一员大将变为领导。处于这一阶段的人容易像一开始的我一样，自己当多面手、苦行僧，急于追求绩效和效率，事无巨细，事必躬亲，投入大量时间、精力，却费力不讨好，与大家相处得也很不舒服。因为潜意识里你把自己与下属的能力放在同一个水平下进行对比，你在下意识地证明自己"能干"。处于这个阶段的领导对结果有一定的敏锐度，但仍停留在通过快速单打独斗达成结果、证明自己厉害的个人英雄主义阶段，逃不脱、放不下"与下属比较"的执念。

第二阶段是领导可以有意识地做到"自己做一部分，下属做一部分"，开始做"局内人 + 旁观者"。此时，你对团队的分工相对明确，对每个下属

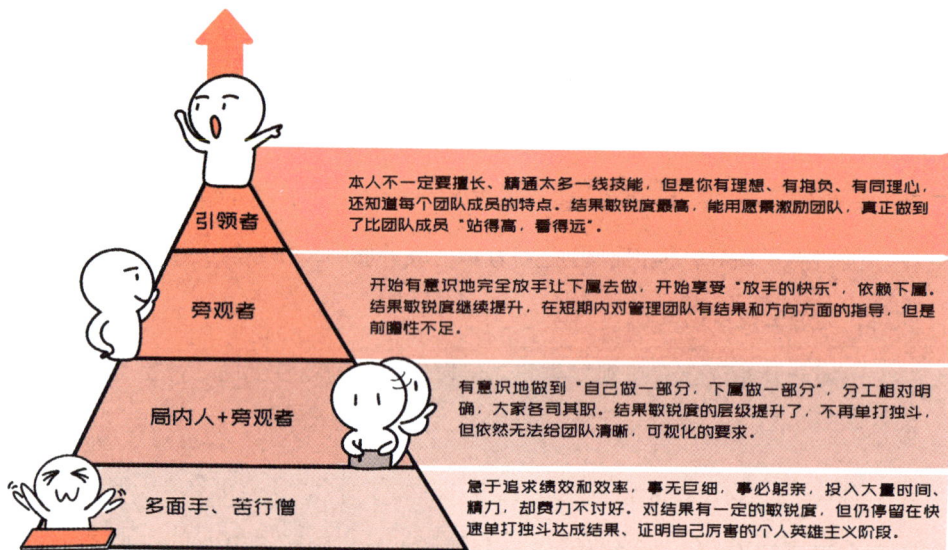

本人不一定要擅长、精通太多一线技能，但是你有理想、有抱负、有同理心，还知道每个团队成员的特点。结果敏锐度最高，能用愿景激励团队，真正做到了比团队成员"站得高，看得远"。

引领者

开始有意识地完全放手让下属去做，开始享受"放手的快乐"，依赖下属。结果敏锐度继续提升，在短期内对管理团队有结果和方向方面的指导，但是前瞻性不足。

旁观者

有意识地做到"自己做一部分，下属做一部分"，分工相对明确，大家各司其职。结果敏锐度的层级提升了，不再单打独斗，但依然无法给团队清晰、可视化的要求。

局内人+旁观者

急于追求绩效和效率，事无巨细，事必躬亲，投入大量时间、精力，却费力不讨好。对结果有一定的敏锐度，但仍停留在快速单打独斗达成结果、证明自己厉害的个人英雄主义阶段。

多面手、苦行僧

图 6-2　当领导要经历的四个阶段

分别擅长什么了然于胸，大家各司其职，可以将工作做得很好。处在这一阶段的领导虽然正在逐步摆脱但还没有完全放下"证明自己最强"的执念，还在亲自做一些可以交给下属的事情，也还没有完全跳出来，思考团队最想要的是什么、要去往何方，只知道先向前走。处于这个阶段的领导，结果敏锐度的层级提升了，不再单打独斗，但依然无法给团队清晰、可视化的要求。

第三阶段是领导开始有意识地完全放手让下属去做，自己当旁观者。在这个阶段你会发现，当领导真的很舒服，特别是当你招到一个得心应手的下属时，或者你把一个新人培养出来时，你就可以开始享受"放手的快乐"，这时你可能略微有点懒散，开始依赖下属。其实这个阶段问题也很多，因为你的心态与第二阶段时一样，还在用要求普通员工的眼光要求自己，认为工作任务已经被下属完成了，自己可以很舒服了。你没有看到，自己作为领导，思维需要再上一个台阶。你偶尔会有一点战略性目标，但日常工作中很少主动做战略性思考，遇到挡路的"妖怪"也只是让大家打打杀杀。处于这个阶段的领导，结果敏锐度继续提升，在短期内对管理团队有结果和方向方面的指导，但是前瞻性不足。

第四阶段是领导力的最高阶段，此时你是引领者。你本人不一定要擅长、精通太多一线技能，但是你有理想、有抱负、有同理心，你还知道每个团队成员的特点，你可以放他们各自打拼，同时又有合适的方法把他们一个一个都"收"回来。你用共同理想"圈住"他们，一路上做他们的精神向导和鞭策者，直到最终完成目标。处于这个阶段的领导，结果敏锐度最高，能用愿景激励团队，真正做到了比团队成员"站得高、看得远"。

每个领导的发展都要经历这四个阶段，很多人停留在第二阶段或第三阶段就不再提升了。原因是处于这两个阶段他们也可以过得比较舒服，即使团队规模不再扩大，外部环境也不再变化，处于这两个阶段的领导也可以在一段时间内过得比较舒服。但是，要想让自己和团队有长足的发展，特别是以后想去做公司高管，或者做创业公司的老板，就必须向第四个阶段迈进。

而成为一名领导者，其实并不需要谁的任命。TED 演讲"如何发起一场运动"讲述了追随者让一个怪人变成领导者的故事。演讲中提到，想要成为一名领导者，要做到以下几点。

首先，你需要敢于公开展示自己的行动，借此吸引追随者。

其次，你要善待追随者，因为新人加入后，在行动上模仿的往往不是你，而是你的追随者。

最后，保持谦卑的心态，要知道你的领导者光环至少有一半来自你的追随者。

找到一件你认为有价值的事，大胆去做，坚持公开做下去，那样你有很大概率会吸引一些追随者，那时你就变成了一名领导者。带着这群志同道合的人，你可以走得更远。

## >> 第二节

## 职业经理人：
### 天然的凝聚力如何形成

很多企业都有一个职务，叫职业经理人。职业经理人这个称呼有好处也有坏处，好处是听起来非常专业、客观、公正，坏处是这个称呼似乎让大家与企业构建了一种"若即若离"的关系，总有种"铁打的营盘流水的兵"的感觉。每个人都有自己的小目标，而企业的大目标则显得太遥远，这种想法就对团队领导者形成了挑战。怎样才能让大家在短暂的职业生涯交汇期被激励，并产生凝聚力呢？

## 如何建立结果导向的管理战略闭环

奈飞在建立结果导向的管理战略闭环方面是很好的榜样，他们致力于寻找在公共愿景和价值观方面与企业契合的人。愿景可以让大家被共同目标激励，继而将这种目标分解成与个人利益切实相关的子目标，激励每个人，提升团队凝聚力。而价值观可以让大家在做选择时有明晰的标准，不至于因为个人的追求而打破公司的底线。

如果真的在企业里遇到价值观完全不一致的人，那么让其留下来也不是什么好事。但在大多数时候，领导者需要判断员工的真实情况和动机，比如一个让你感觉在混日子、磨洋工，仅为赚取一份收入而工作、对事情完全不负责任的员工，到底是因为他真的就有这样的价值观，还是因为当前岗位与其匹配度不够，或者对方不清楚自己的目标导致动力不足呢？原因可能是多方面的。领导者的责任就是了解员工对岗位的认知、对目标的认知，再判断这个人是能力不足还是意愿和企业不一致，或者是其价值观与企业价值观不一致。

企业通常会要求经理们定期与员工做一对一沟通，审阅目标、进度。这样做一方面是为了达成绩效，另一方面是为了让大家增进了解，明确每个人的责任，确保目标一致地奋斗。

那么，怎样在日常工作中进行领导与下属的闭环沟通呢？我结合我对理论的学习和以往的工作经验，总结了以下"拳法"。

管理的基本任务是学会设定战略、目标、任务，评估闭环、推动闭环。

达成管理任务最基本的方式是"沟通"，要学会与团队进行高效沟通，建立高效的团队沟通和反馈机制。

这也是为什么在企业中非常推崇员工与老板定期"一对一"沟通，而且这种"定期"是非常高频的，比如我所在公司的要求就是，沟通频率尽量保持在一周一次，最低频率也是两周一次。

管理的任务首先是找到有价值的企业任务。对此，德鲁克在《管理的实践》一书中写得非常明确："管理者的工作应该以能够达成公司目标的任务为基础，是实质工作。"管理的基本任务是把战略落实到目标，再将目标有效地分解为任务，然后根据任务执行的结果进行评估、复盘，找到改进方案，以此确定战略调整和下一周期的目标（见图6-3）。

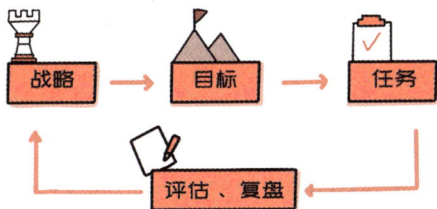

图 6-3 建立结果导向的管理战略闭环

**1. 从战略到目标的闭环管理。** 在确定任务之前，我们先要思考怎样确定企业的战略和目标?

即使你是一位中层管理者，也不要忽略企业战略。企业战略关系到每一位企业员工，是初级管理者的必修课。共同的愿景和战略是让企业"人心向齐"的巨大磁铁。

任何企业都要从某种模糊的战略愿景出发，用"共同的理想"凝聚和集合每一个员工的思想。因为本书是一本个人成长类图书，关于企业管理和愿景管理我就不多着墨了，我想重点与大家探讨在日常工作中如何对领导与下属的常规任务进行管理。

**2. 对团队每天都会处理的常规任务的管理。** 管理好常规任务最核心的办法是什么呢? 下面三个选项你会选哪一个? A. 建立流程和标准制度；B. 对过程进行监督与管理；C. 对结果进行绩效考核。

A、B、C 看起来都很重要，大家通常认为每一步都要做好。但是，哪个步骤是最基础、最关键的呢?

正确答案是 A，而不是大多数人凭直觉选择的 C。

实际上，管理就是要在一套有效的流程标准中不断实践"战略—目标—任务—评估"四个步骤。我会在本章关于团队效率提升的部分详细讲述这个闭环的操作流程。本节主要与大家分享我在实践中总结出的关于管理途径的心得。在这个闭环的操作流程中，靠什么途径来进行有效的管理呢？

制定规章制度？设定绩效考核目标？辅导员工？发布指令？这些不一定是你想选择的答案，却是大多数管理者的实际行为。这些行为本身并没有错，而常见的错误是，人们认为这些途径足以满足管理的需要。其实，正确的答案应该是"沟通"，它是管理的首要途径和有效手段。

## 要进行以结果为导向的沟通

在企业组织中，沟通的挑战主要来自这些边界所营造的距离感（见图6-4）。

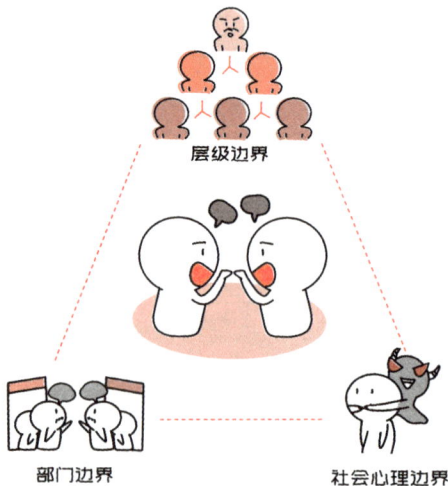

图 6-4　企业组织的三个产生距离感的边界

**层级边界**：除了管理者和直接下属心理上的隔阂，还包括层级边界所营造的距离感，例如 CEO 和一线员工之间的层级距离。

**部门边界**：两个部门之间的沟通是企业的老、大、难问题。角色和目标的差异导致不同职能部门容易只站在本部门的角度看待问题。

**社会心理边界**：更困扰我们的沟通屏障来自职场中约定俗成的心理定式，比如，担心多管闲事、害怕冒犯领导、不愿打扰同事等。

在管理沟通的过程中，透明度是首要的。沟通不透明会降低团队效率，产生战略失焦、战术莽撞、成员误解、重复投入等问题。

咨询师查伦·李（Charlene Li）在其《开放：社会化媒体如何影响领导方式》一书中，首次提出了开放领导力的概念，她指出管理者的领导力不仅可以凭借提升情商获得，也可以在促进开放沟通的过程中增强。她在书中对企业内部的开放领导力提出以下 6 个原则。

**1. 解释说明（Explaining）**　管理者从上至下的沟通常包括战略决策、公告命令、任务指派。这些沟通大多是单向的，但不要仅仅将沟通简化为公文，要解释说明这个战略决策背后的原因、如果不执行这个战略决策会导致什么后果、如果执行这个战略决策还会遇到什么挑战等。

**2. 知会（Updating）**　知会是与全员进行工作沟通的基本模式。在社交网络中，最常用的缺省提示是"你在想什么"，这是一个绝佳的知会提示。工作中，知会可以让同事及时了解你的工作状态、计划和可能遇到的问题。如果采用传统的管道式工作汇报（A 向 B 汇报，B 向 C 汇报），汇报、整理、再沟通，不仅效率低下，而且会影响沟通的准确性。

**3. 自由对话（Conversing）**　自由对话允许和鼓励组织成员之间直接进行沟通与协作，不需要经过部门和层级的路由。A 部门的基层员工无须通过 A 部门的领导就能够直接和 B 部门需要配合的基层员工对话，基层员工在需要时可以直接和跨越层级的领导协作，保持沟通在透明的环境中进行即可。要充分使用知会的沟通模式，以便让相关人员周知。

4. 开放发言（Open Mic）。开放发言指的是允许和鼓励任何成员发起集体沟通，无论其提出什么性质的话题。这个原则为的是让团队在沟通层面建立无话不说的氛围。常见的开放发言着眼于头脑风暴式的集体创意、对管理制度和文化的意见等。初创企业尤其应该用这种文化正视问题。

5. 众包（Crowdsourcing）。不同于传统的管理者指派某人负责任务，众包是指公开征求愿意负责的人、愿意主动承担的人来担任任务负责人。对于重要和关键的任务，如果有主动承担的意愿作为保证，任务的完成质量则会大大提高。

6. 使用统一平台（Platform）。为了实现开放沟通的目标，组织还应该对沟通的方式和平台有约定及要求。

管理沟通过程中的真正挑战来自倾听和教练的技巧。这也是管理者成长到一定阶段后必然遭遇的困境，管理者需要进行反思。教练式的"倾听与沟通"，被公认为对发挥团队效能最有利。

启发式提问就是最好的教练方式。我们的大脑在听到一个提问时运行的模式和听到一段说教时运行的模式完全不一样。前者会让人快速开启搜索模式，寻求答案；后者则会让人停止思考，接受程度和记忆程度也随之降低。

领导力教练专家迈克尔·邦吉·斯坦尼尔（Michael Bungay Stanier）在其《所谓会带人，就是会提问》（*The Coaching Habit*）一书中，为管理者的提问提供了最佳解释。他提出 7 个提问模式，这 7 个模式有各自的目的，但都能让你更有效地倾听，启发被提问者自发找到更好的答案。

1. 帮助开启谈话的开放问题："最近在思考什么？"

2. 帮助持续深挖的问题："还有什么吗？"

3. 帮助聚焦的问题："在这里，你真正的挑战是什么？"

4. 帮助找到基石和根源的问题："你真正想要的是什么？"

5. 提示让成员自主思考和承担的问题："这些事情中哪些需要我帮你做？"

6. 促进战略思考的问题："如果我们选择做这个，那么你会选择放弃哪一个？"

7. 促进学习的提问："今天你觉得什么对你最有用？"

实践中不必刻意引用这些提问例句，重要的是理解为什么要用提问来倾听。只有真正听到了成员的表达，你才能明白自己所处的管理环境，才能进一步通过沟通和协调达到你的目标。失败的管理者口中常说的是"你怎么这么笨？不能多长点记性吗""你同意我的意见吗""你觉得这个月做100万可以吗"这类话，这些都不是有价值的问题。

下面是我给新晋管理者的两个方向的建议。

第一，理解管理的基本任务。了解如何确定团队战略和目标，识别并执行关键任务，用经过验证的运营模式确定流程标准。

第二，理解达成管理任务的有效方法是"沟通"。理解沟通中三个让人产生距离感的边界，利用透明沟通和开放领导力的六个原则实现顺畅沟通，并用倾听和启发式提问来带领和启发员工。

## ›› 第三节

## 共同目标：
### 如何快速提升团队效率和效能

一个人跑得快，一群人跑得远。但是如何提高整个团队的结果敏锐度，让大家一起跑快一点？很多刚成为领导的人都会遇到团队效率低下的问题，甚至会觉得带着人做事比自己做事更费劲。也有很多个人绩效非常好的员工在担任领导角色后，面对团队绩效频频下滑的情况感到不知所措。

### 用共同目标激励，用 MVP 理念和 PDCA 理念进行管理

经常会有领导者感叹：队伍大了，不好带了。其实总结一下会发现，组织大了之后效率和效能下降的原因无外乎以下几种。

1. 跨部门的协同要求由低变高。

2. 决策流程由简单变复杂。

3. 考虑的利益点由单一变复杂。

4. 责任边界模糊不清，从而造成拖延。

要想有好的团队绩效结果，一定要基于规范的理念进行管理。重点是明确想要达成的目标，并把大目标分解成与每个人息息相关的小目标。

而整个团队要想提高效能，MVP理念和PDCA理念必不可少，这两个理念既可以帮助企业更精准地确认目标，也可以帮助领导者更好地获得执行结果。

我在第三章中与大家分析过MVP思维与相应的做事方式，而MVP理念是指，在工作中你需要有"先完成、后完美"的思想，不要试图一次性交付完美的产品，要先列框架，根据领导的需求和项目的目标把最小可交付产品的各个部分没有遗漏地列出来，然后通过交互确认和修改进行优化。

例如，你需要制作30页左右的计划书，那么你首先要设计封面、编写目录，然后估算一下页数，在每页简要地写下正文的概要和示意图（包括折线统计图、饼状统计图及采访的评论等内容）。尽量将这些信息写得明确，再基于此做出PPT，将成果展示给领导。然后制作正式文件。只需要几天时间，你就可以完成整理，完全不会浪费时间。

最后，把成果展示给领导，确认主题是否正确。在截止日期之前，做3~4次进度报告，确认自己的文件和领导所期待的内容一致，核实领导期待的内容有没有更改。

如果你是一位领导，在让员工制作文件和资料时，一开始你就应该有明确的工作成果概要（用来展示在工作结束时应该有怎样的交付成果）。比较熟悉了之后，大概只需要30分钟就能够详细地写出一篇工作成果概要，让员工按照这个概要完成工作即可。这样的状态有助于稳定地推进工作，避免出现偏差，工作质量也会有所提升。遵从MVP理念的"工作成果概要制作方法"可以解决领导和员工之间的信息量有差异、能力有差异、领导指示的模糊程度等问题。

我在前公司工作时，同时负责7~10个项目，就会用MVP理念辅导团队。我在培养经验不足的负责人时，不会给予对方过度的压力，但在工作质量上不会妥协。

来自丰田公司管理理念的 PDCA 循环，是非常有效的管控、优化过程的工具。PDCA 循环是由计划（Plan）、执行（Do）、检查（Check）、改进（Act）组成的一整套管理循环工具。这一循环可以优化工作结果。

以研发某个产品为例（见表 6-1）。

表 6-1　以研发某个产品为例展示 PDCA 循环

| 计划 | 新产品的设计、结构、外观及功能等 |
|---|---|
| 执行 | 按照设计完成所有维度的生产 |
| 检查 | 确认最初的目标是否全部达成 |
| 改进 | 根据内部审查反馈或者用户反馈重新优化不足的部分和不适当的部分 |
| 计划 | 重新讨论该产品的设计、结构、外观及功能 |
| 执行 | 进行全面的改造 |
| 检查 | 确认最初的目标是否全部达成，尤其要站在用户体验的立场来确认 |
| 改进 | 继续改造和优化不足的部分 |

以突破某项客户关系为例（见表 6-2）。

表 6-2　以突破某项客户关系为例展示 PDCA 循环

| 计划 | 根据目标客户的画像和需求来制作客户突破计划 |
|---|---|
| 执行 | 按照客户突破计划，实际拜访 10 名目标客户 |
| 检查 | 根据拜访中客户的反馈和建议，重新审视最初制作的客户突破计划 |
| 改进 | 根据修改后的客户突破计划，重新规划如何突破客户 |
| 计划 | 优化目标客户的画像与明确目标客户的需求，制定更新版的突破计划 |
| 执行 | 另外拜访 5 名客户，获取反馈与建议 |
| 检查 | 根据反馈的结果，最终确认优化后的客户突破计划 |
| 改进 | 根据优化后的客户突破计划，再次规划如何突破客户 |

在实际过程中通常要多次运用 PDCA 循环，修改的部分会一次比一次细致，产品或计划书会越来越完善。

综上所述，通过使用 MVP 理念和 PDCA 理念提升工作效率，领导者能更轻松地做出成果。这些成果可以很好地激励自我和团队，从而不断推动大家的绩效与工作质量攀升。

## 高效召开工作会议，让每一分钟都为结果服务

不要让会议变得又臭又长、毫无生产力，要严格遵守以下几个原则。

原则一：将会议时间减半（见图 6-5）。

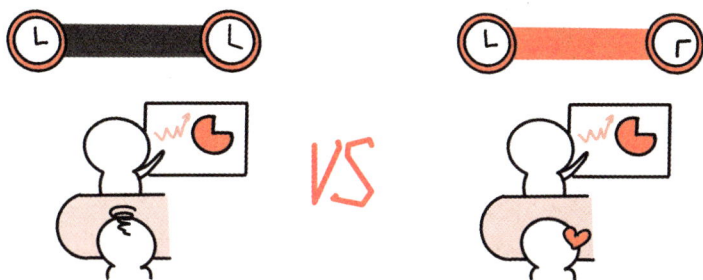

图 6-5　原则一：将会议时间减半

很多会议的效率极其低下。为了改变这种状况，我会主动压缩自己主导的任何会议。原定 2 小时的，压缩成 1 小时；原定 1 小时的，压缩成 30 分钟；原定 30 分钟的，压缩成 15 分钟。渐渐地，我的团队开始以高效、雷厉风行、会议不拖泥带水著称。

如今，我白天的工作安排通常以 15 分钟为单位，这个颗粒度已经很精

细了。除了需要"深潜"（deep dive）或跨部门研习的会议，通常我设置的会议时间绝不会超过 1 小时。一周中会议通常是这样分布的。

30 分钟的会议为主，占一周中会议数量的 50%。

1~2 小时的会议为辅，占一周中会议数量的 30%。

其余会议均控制在 15 分钟内。

在这个过程中你会发现，时间缩减后参会人员的积极性反而增加了。

原则二：将会议的频率和出席人数减半（见图 6-6）。

图 6-6　原则二：将会议的频率和出席人数减半

将会议的频率和出席人数减半，可以有效提升效率。会议数量每半年就应该复盘清理一次，将数量减半。同时，将参加会议的人数缩减到最少，每次都设立明确的会议目的，参会的每个人都需要发言。如果将参会人数压缩到最少，那么会议的总时间、总成本都能大幅降低，自己和其他人的工作效率都会大大提高。

让大家通过邮件共享各自看完资料，在例会上直接讨论有价值的问题。出席会议的人数越少，大家的紧张感越强烈，越能形成一次有质量的会议。如果有 20 个人参加会议，那么人们往往会比较松懈；而如果只有 3~5 个人参加会议，那么每个人都必须非常认真地参与讨论，必须认真倾听别人的发言，避免遗漏。

原则三：迅速高效地推进会议中的讨论。

下面列举几种常见的方法。

1. 让参会人员逐一发表自己的看法。

2. 引导持有不同观点的人发言。

3. 不要认为发言者的声音越大越好，要根据内容做判断。

4. 尊重他人的发言。

5. 如果意见出现冲突，确认相同点，整理不同点。

6. 如果讨论的主题发生了偏移，引导大家回到同一个范围进行讨论。

记得安排一位"会议管控负责人"，让他管理会议的发言顺序、流程和时间。

综合应用本节介绍的 MVP 理念、PDCA 理念以及高效开会的方法，你的团队效率和效能一定能大幅提升。

## ›› 第四节

# 目标与关键结果：
## 如何用 OKR 管理团队

相信大家对目标关键结果（OKR）这一管理模式并不陌生，OKR 是一种管理目标和绩效的工具，是在团队管理中用于提高结果敏锐度的非常重要的一种管理工具，更是一种内部沟通机制。OKR 的适用范围很广，不仅可以应用在组织管理中，也可以用在自我成长领域。使用 OKR 的目的是统一目标、激励团队、达成结果，最终带来优秀的绩效。

OKR 有以下四个价值（见图 6-7）。

图 6-7　OKR 的四个价值

目标是带有启发性的，而关键结果则要"接地气"，OKR 能够提供聚焦、协同、追踪、挑战不可能这四种利器，在使用 OKR 时需要避开过程里的陷阱。那么实际工作中到底该如何使用 OKR 达成关键结果呢？

我以市场部工作的 OKR 管理过程为例，为大家阐述 OKR 在工作中的具体应用。

在市场部，一个典型的 OKR 循环从每年 7 月中旬或 8 月初开始，这时要对我们在整个治疗领域今年的成果和明年全年的活动计划（Busniess Plan，BP）OKR 进行头脑风暴。在 10 月中旬，要确认整个产品组明年全年的 BP 和第一季度的 BP，并用 OKR 的方式进行公示。

从 12 月初开始，团队就要开始进行对话，围绕第一季度的 OKR 进行充分沟通。每个人要先提出自己这一季度的目标（不过这个目标会被他人质疑），最后达成共识，这个步骤大概需要一周。第一周后，就要在整个团队内公布每个人第一季度的 OKR。因为每个人的 OKR 都会被公开，如果谁没有设定 OKR，全团队的人都知道，因此也不需要去催，成员们自己就会觉得不好意思，会主动沟通，把自己的 OKR 定好。这样便于团队设定大家都认可的 OKR，这时 OKR 的展现形式是一套详细执行计划。

在次年的第一季度，团队要进行反馈，即不断追踪和确认 OKR 的进展。反馈周期会根据不同项目的情况各有不同。有些处于关键节点的项目，甚至需要每天反馈，以便思考第二天如何调整。有些已经成熟的项目，可能一周才需要反馈一次。

最后，到了第一季度结束时，也就是 3 月下旬，要进行识别，即评价这一季度 OKR 的完成情况。为了更好地完成这个步骤，我们还设计了一套项目跟踪系统，这套系统会根据设定的产品组项目目标进行打分，打分的区间是 0~5 分，并且采取类似交通信号灯的评价形式。4~5 分属于绿灯区，就是基本或很好地完成了关键结果，下一个周期可能要设定更有挑战性的目标；2~3 分属于黄灯区，即虽然取得了进展，但没能完成关键结果，下一个周期还需要更加努力；0~1 分属于红灯区，即在完成关键结果时未能取得实质性进步。如果多次处于红灯区，可能就要考虑这个项目的可行性了。

上述 OKR 执行计划如图 6-8 所示。

| 评价日期：×月×日 | | | ●符合进度 ●低风险 ●高风险 | |
|---|---|---|---|---|
| 任务模块 | 任务模块负责人 | 进展状态 | 本次会议主要进展 | 下一步行动计划 |
| 1.深度广度推广加速计划 | 小路 | ● | 1.<br>2.<br>3.<br>4. | 1.<br>2.<br>3.<br>4. |
| 2.预算管理 | 小陈 | ● | 1.<br>2.<br>3.<br>4. | 1.<br>2.<br>3.<br>4. |
| 3.商业预估模板 | 小张 | ● | 1.<br>2.<br>3.<br>4. | 1.<br>2.<br>3.<br>4. |
| 4.文献证据检索整理 | 小王 | ● | 1.<br>2.<br>3. | 1.<br>2.<br>3. |
| 5.用户激活方案 | 小徐 | ● | 1.<br>2.<br>3. | 1.<br>2.<br>3. |
| 6.团队招聘 | 小曼 | ● | 1.<br>2.<br>3. | 1.<br>2.<br>3. |

图 6-8　执行计划列表示意图

在 OKR 环境下，任务完成 70% 就被认为是成功的。

举一个我们在新产品上市过程中做的提升患者的项目体验的例子。

第一年的后两个季度（我们的产品在年中上市，所以目标从第三季度开始设定），关键结果是通过宣传，年底时将社群人数从 0 扩展到 5000，将用药后享受长期慢性病管理服务的人数扩展到 800。实际扩展的社群人数为 6700，得 5 分，属于绿灯区；而通过护士获得长期慢性病管理服务的人数达到 500，得 3.1 分，属于黄灯区，所以这个项目依然有继续推进的可能。当时我作为项目负责人，也在与团队不断进行对话和反馈，积极寻找解决方案。

第二年第一季度的关键结果是社群人数增至 9000 人（第一年每季度平均新增 3000 人，全年新增 12000 人；第二年每季度平均新增 4000 人，全年增长 16000 人），通过护士获得长期慢性病管理服务的人数达到 800 人（第一年每季度平均新增 300 人，全年新增 1200 人；第二年每季度平均新增 400 人，全年增长 1600 人）。结果，前者在第一季度达到 7600 人，与 9000 人的第一季度总目标相比，得 4 分，还保持在绿灯区，说明工作正在持续推进，但是势头比头一年产品刚上市时有所下降，所以可以再拆解分析一下具体原因，是目标制定得不好还是第一季度的完成情况不好？而通过护士获得长期慢性病管理服务的人数达到 720 人，得 4.5 分，说明这方面的工作已经逐渐进入正轨。

所以在第二季度，我们才有信心把关键结果定为社群全年增长人数为 16000 人，慢性病管理服务全年增长人数为 1600 人，并使用了前所未有的宣传和推广手段，配合产品稳定性和用户体验的提升。最终，我们超额完成任务，新产品也完成了"起飞"的上市过程。

为了让OKR更好地落地，需要有对话、反馈、识别的一套机制。这套机制与PDCA循环的各个环节十分类似。

总之，OKR中的目标是指你想要达成什么，也就是解决"是什么"的问题；关键结果则是你要如何达成目标，即解决"怎么做"的问题。好的OKR管理就是要让领导者和团队对目标及结果的敏锐度维持在较高水平。

>> 第五节

## 结果敏锐度：
### 在困境下获得结果，持续对他人表现出信任

这一节为大家介绍结果敏锐度，结果敏锐度与领导力高度相关。

拥有较高结果敏锐度的人在面对挑战时能够充满斗志，并能通过智谋和激励他人来应对挑战或在极端困难的情况下交付成果。根据工作角色的需求，如果一个工作角色涉及创造力、新观点、新思考方式、快速变化的领域、尚未明确或新兴的业务领域和目标、负责或实施新举措，具备较高的结果敏锐度的人会非常适合这一工作。

你可以用以下问题判断自己的结果敏锐度如何。

思考一个你在具有挑战性的情境下取得成果的例子。

思考一件对你来说有挑战性的、超出你当时能力的事。

思考一段你必须完成某个任务却没有足够的时间和资源去完成的经历。

思考一个你不能完全独立完成的具有挑战性的任务。

思考一个你在进行一个重要项目时遭遇意外障碍的例子。

观察你如何在资源不足的情况下工作、处理突发状况、对挫折做出反应、专注于把事情做好并达成目标。

结果敏锐度有五个维度，分别是奋发向上、足智多谋、彰显风范、鼓舞人心、迎难而上（见图 6-9）。

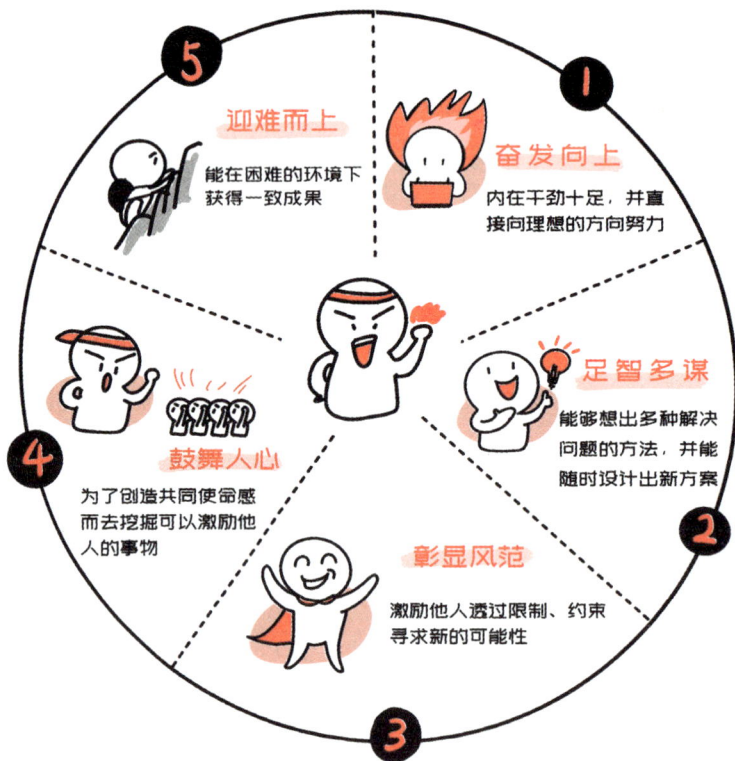

图 6-9　结果敏锐度的五个维度

1. 奋发向上　奋发向上的人内在干劲十足，并直接向理想的方向不断努力。这项能力若得到正确的培养和保持，可以持续为他们提供动力。结果敏锐度较高的团队，总是充满积极向上的干劲，为达成团队目标不懈努力。

2. 足智多谋　足智多谋的人能够想出多种解决问题的方法，并能随时设计出新方案。对他们来说，障碍和挫折只是稍加引导就能克服的事物。

结果敏锐度较高的团队，氛围和谐、充满智慧，大家可以在设定公开目标时互相分享，在执行过程中互相挑战和激励，不断产生更好的解决方案。

**3.彰显风范**　善于彰显风范的人能够激励他人透过限制、约束寻求新的可能性。他们展示出信心和沉着，通过建立"你们可以信赖我"的个人品牌，让人安心。在结果敏锐度较高的团队中，每个人都可以通过达成自己的目标来展现信心和互相信赖的团队品牌。

**4.鼓舞人心**　具备鼓舞人心能力的人能够为了创造共同使命感而去挖掘可以激励他人的事物。在由这样的人构成的团队中，大家通力合作、全力以赴，这样的人会在团队面对艰巨挑战时为团队注入信心。

**5.迎难而上**　能够在困难的环境下获得一致成果，是具备迎难而上能力的人的特征。这样的人可以在合作中展现不怕困难、不惧挑战的气质，运用专注、决心、心理韧性和冒险精神，在充满挑战的情境中获得成功。

结果敏锐度共分为四个层次，分别为较低、典型、较高和过度。

较低：处于这一层的人缺乏紧迫感，坚持已经形成的思考方式和行为方式，面对挑战时垂头丧气，表现出犹豫和不确定，不能给他人以信心。

典型：处于这一层的人对较好地完成工作感到自豪，能冒一定的风险，在重重困难中依旧可以安稳地工作，适当表现出冷静和自信，努力激励他人。

较高：处于这一层的人会怀着强大的能量和动力去应对挑战，他们足智多谋，能找到完成任务的办法，在艰苦的条件下也能取得成功，非常自信和镇定，会鼓舞他人努力工作。

过度：处于这一层的人过于压迫自己和他人，不愿接受失败，应对挑战时过于自信。

# 第七章

# 幸福敏锐度——
# 你想清楚自己要什么了吗

## » 第一节

## 懵懂期与半觉醒期：
### "那些焦虑与无奈"

如果说工作时代的成长是持续蜕变，那么学生时代的成长就是在为之后的成长作铺垫。纵观我在职场上这些年的发展，我一直在朝我想去的方向逐步前进。我清楚并找到了自己最想要的，因此在奋斗过程中觉得幸福，成功也水到渠成。而从学生时代到步入社会、踏入职场，这一过程中我也曾像绝大多数人一样，经历了懵懂、自卑、焦虑、无所适从、迷茫，根本不知道自己能做什么，也根本不知道自己想要什么。

## 懵懂期

很多人非常看重高考，但在填报高考志愿时我们很容易出现重大选择错误。

高三填报志愿时，十七八岁、没有多少生活经验和社会经验的我们，对选择什么专业、未来从事什么职业、人生往哪个方向走，可能没什么概念，以至于很多人在做完这个自以为正确的选择之后，便将后半生花费在"顺应与符合"上，越陷越深。很多人会有以下想法。

我学的是某某专业，所以我必须从事某某行业。

我大学 4 年都在学这个专业，如果考研，我最好也考这个专业。

我不喜欢某某专业，但是又无法放弃过去那几年的付出。

本科毕业找不到工作，因为我的专业冷门。

……

其实这些想法都体现了沉没成本，都是影响我们日后做最优选择的"干扰"。

沉没成本，是指以往产生了但与当前决策无关的成本。从决策的角度看，以往产生的成本只是造成当前状态的某个因素，当前决策所要考虑的是未来可能发生的、需要投入的成本及其带来的收益，而不是以往产生的成本。

沉没成本又称沉落成本、沉入成本、旁置成本，主要用于项目的投资决策，与其对应的成本概念是新增成本。沉没成本是决策非相关成本，在项目进行决策时无须考虑。与之相对，新增成本是决策相关成本，在进行项目决策时必须考虑。

沉没成本是已发生或已承诺、无法回收的成本支出，如失误造成的不可挽回的投资。沉没成本是一种历史成本，对现有决策而言是不可控成本，不会影响当前行为或未来决策。从这个意义上说，在进行投资决策时，理性的决策者应排除沉没成本的干扰。

我自己就是例子。我本科读的是自己并不特别喜欢的医药学。正如我在上文中所讲的，我的本科生活很苦闷，那时我迷茫又低效，感觉自己好像什么都没学到。大学几年，除了机械地应付考试，就只剩对未来无尽的迷茫。

之所以陷入那种状况，是因为我不怎么喜欢学医。但是我同那时的大多数人一样，没什么选择的权力，也没什么选择的能力和判断力，学医不过是家人从未来的职业安全感和稳定性出发，建议我做出的选择。

高中学习成绩一直很优秀的我，大一就挂了一科解剖学。

原因是我害怕血淋淋的场面，以至于不敢去上解剖课。一开始甚至不敢进入解剖楼，因为解剖楼一楼全是用福尔马林浸泡着的器官或各种寄生虫的瓶子，我每次经过时都胆战心惊，目不斜视地拽着同学快速通过。解剖楼五楼是停尸楼，在其他同学眼里那里不过是客观存在的学习场所，但在我眼里那里就是阴森恐怖的鬼屋。

总之，我几乎没正常上过解剖课，幸亏我学的是药学，不需要每天去上解剖课。

后来的解剖学考试我自然没能通过，大一那年的春节也过得无比惨烈——我胖了三十多斤，穿着羽绒服就像"米其林轮胎"。不仅如此，我还被通知要提前一周来学校参加补考，否则会影响以后拿学位。当时我的焦虑可想而知，说实话，我甚至一度想退学。

后来我提前回到学校，找老师哭着说明情况，然后一个人闷在宿舍里死记硬背解剖知识，这才勉强通过补考。

为了充实无聊的生活，防止自己变得抑郁，我开始参加各种社团活动，热衷于在社团里做些打杂、跑腿的事，就为了让自己"略有价值"。

当时医药学的本科毕业生在就业时没多大的竞争力，加上我对自己的智商和情商都毫无信心，连投简历的勇气都没有，于是硬着头皮考了研。那时一心想着毕业后能留在医院或研究所。

结果，我凭借政治（89）和英语（76）的高分，与同专业的同学们拉开了巨大的差距，走上了硕博连读的道路。

我当时为什么那么不喜欢医药学还去考研呢？其实就是"沉没成本"在作怪。毕业不做与本专业相关的工作或继续学习，那过去几年岂不是白白浪费了？再说，其他行业的工作我也不会做，想找工作应该也没人雇用我。所以，我就硬着头皮决定继续读书，试图通过提升学历拥有一些安全感和心灵慰藉。

## 半觉醒期

但是，我发现自己又错了，除了得知被录取的那一瞬间有过短暂的愉悦，攻读硕士和博士学位不仅丝毫没有增加我的安全感，反而带来了更严重的焦虑。开学没多久，我就开始担心自己毕业后会找不到工作，还担心自己又胖又不好看，未来嫁不出去；又担心自己天天摆弄化学、生物试剂，影响身体健康或是生出畸形儿，等等。总之，我担惊受怕，处于极大的焦虑之中。

博士毕业前夕，26 岁的我对人生依然充满了迷茫。我在专业方面不够精通，不善交际，似乎没有适应社会的能力，像一个一事无成、能力又差的书呆子，这样下去，我未来肯定会被社会淘汰。而我的同学们比我早进入社会几年，已经在不同的岗位上成为骨干。有段时间我痴迷于考各种证书，包括营养师、计算机等级考试、英语水平考试、执业药师等，仿佛多考一个证书就能给自己多留一点适应社会的"本钱"。

除了对未来的工作充满担忧，我还饱受肥胖的痛苦。大一刚入学时，18 岁的我才 54 千克（我身高为 173 厘米），不过一年多的时间我就长到了72 千克。

焦虑汹涌而来，困扰无法摆脱，这时我开始坚持写短日记，记录想法和心情，隔段时间回过头去看看当时的自己是怎么想的。借助这样的方式，我的焦虑慢慢被缓解了一些。毕业后我确实艰难地度过了几年，主要是因为我性格敏感、自尊心强、社会经验不足、能力还差。但我一直用写日记的方法进行自我疗愈。工作几年后，我又去读了一个应用心理学的在职硕士学位，那时我才发现，当时的自己误打误撞地用了一个对抗焦虑、观察自己的很好的方法。我把它叫作焦虑记录法。这个方法不仅帮我摆脱了焦虑，还让我收获了不错的事业，后来我开始进行高效的精力管理，体型也得到改善。

35岁、38岁的我和18岁的我在各个方面几乎都判若两人，时间流逝，我变得更自信、开朗，也更从容。

到底什么是焦虑？压力和焦虑是我们在日常工作和生活中频繁遇到的状况，客观、良性的压力让我们更有动力，但更多的时候，我们感受到的压力是夸张、恶性的，当一个人出于种种原因感觉到某种压力、威胁进而失去安全感却对此无能为力时，焦虑就产生了。

你有没有发现，焦虑的背后一定是某种恐惧和担忧。但是焦虑和恐惧不完全是一回事。处于恐惧的状态时，危险是看得见、客观的，而焦虑往往是人们对未发生的事情的担忧，在焦虑的状态下，人往往会武断地做出消极的判断。

比如一个人生病了，如果他知道自己患有很严重的病，就会恐惧；但如果他还在等诊断结果，想到自己的病可能会很严重，就会焦虑。如果说恐惧是一个人面对现实危险的正常反应，那么焦虑就是面对潜在的，甚至想象中的危险的过度反应。焦虑有以下两个特点（见图7-1）。

图 7-1　焦虑的两个特点

第一，焦虑背后一定是恐惧。

第二，焦虑是我们对还没有发生的事情的负面想象。

理解这两点，是理解因压力而产生的焦虑的基础。焦虑本身就像恐惧、悲伤一样，是一种应激反应，是无法避免的情绪。只有在确认自己安全时，焦虑才会消失。而当你所处的外界环境暂时无法改变时，焦虑记录法是一种很好的内在解决法。

什么是焦虑记录法？你可以将其理解为制作一本自己的焦虑日记。感到焦虑时，你可以像写日记一样，先把思绪记录下来（见图7-2）。

你要通过不同维度的记录，再度明确让你焦虑的情境、你的焦虑等级、你此时的想法和焦虑发生的时间等信息。最好专门准备一个本子，用笔写下来。如果你想保存记录的电子版留着以后看，那就找个随时随地能写的电子备忘录或可以存储到云端的应用。

最重要的是，在"确认情绪"的过程中，你要寻找焦虑的来源，并定

图 7-2　焦虑记录法

义大脑中的"偏见"类型。因为人类的大脑有时会进行自我欺骗。比如，一条发给朋友却半天没被回复的消息，可能会让你在脑中编造出关于"自己不值得被爱""朋友对我有意见"之类的猜测，但这些猜测并非真实情况。你之所以会这么想，或许是因为担心其他人对你有负面评价，或许是因为过去的某种负面体验。但实际结果真的如你所担心的那样糟糕吗？

回忆一个你过去曾"过度担心"但最后实际上"没那么糟"的事情，你会发现：焦虑的确是因对未知、不确定性过度感到恐惧而产生的思维。所以，现在是时候针对当下的焦虑情绪整理你的想法了。在这个整理过程中你可以为焦虑收集确切的"证据"，并分析自己的"偏见"类型，整理有助于你摆脱挥之不去的想法，建立看待事物的不同视角。

记录了一段时间后，你可以对你的记录进行统计分类，了解自己经常在哪种情境下感到焦虑，自己的哪种偏见思维容易导致焦虑，以及担心的事情是否真的会发生。

最后，你可能会发现，那些曾让你觉得"天都要塌了"的事情，结果并不如想象中那么糟糕。很多让你焦虑的事情，也根本没有发生，或者随着时间的推移被解决了，正所谓"车到山前必有路，船到桥头自然直"。只要你不钻牛角尖，在记录焦虑的同时努力改善让你焦虑的外界刺激和环境，你就一定能逐渐摆脱它。

为什么看似无忧无虑的研究生，其实是一个特别容易焦虑的群体呢？我总结了四个方面的原因（见图 7-3）。

图 7-3 懵、空、弱、忙

一是懵。很多人在当年选择读硕士研究生和博士研究生时很可能没想好为什么读研究生，只是为了逃避本科后直接工作的"不适感"，推迟自己"进入社会"的时间，暂时躲在学校这个避风港里而已，其中就包括我自己。也就是说，选择继续读书，是因为在潜意识里害怕面对本科毕业却感觉什么都没有学到、走上社会要被淘汰的局面，寄希望于自己能在研究生阶段的学习中获得一点竞争力和价值提升。你很可能从未对自己就读的专业进行深入思考和抉择，也从未预测这个专业未来的发展前景。

二是空。在开始读研究生之后，你发现自己"提升价值"的希望落空了，因为"研究生阶段几乎仍然学不到什么真东西"。甚至还可能因此错过了宝贵的职场发展窗口期，导致竞争力进一步被削弱，落后于同龄人。

三是弱。也许你觉得的确学到了那么一点东西，但世界变化太快了，你从教科书和实验室里面学到的那些锤炼了多年的经验、技术可能跟不上市场了，在市场上毫无竞争力，除了这些书本知识，你感觉自己一无所长。

四是忙。不管是否学到东西，研究生总是时间不够用。因为没有收入来源，时间又被各类任务占据，思维在这种情况下易受局限，人也容易变得瞻前顾后、自卑敏感、不知所措。

对当下的没把握，对未来的不确定，让人很难不焦虑。如果再加上你的曲折经历，那就更容易焦虑了。我的研究生阶段就特别"精彩"，有很多故事。外专业同学可能会被下文引起不适感。但重点在故事的最后，坚持看下去你一定会有所收获，我压箱底的暗黑回忆要分享给你了。

我的导师最喜欢让我们用大白鼠模型做实验。导师坚持让我们针对每个新合成的药物化合物都做动物药理试验，这样可以拿到相关数据，有利于之后的研究。我本科之所以不愿意学临床，尤其讨厌外科，就是因为怕血淋淋的解剖。结果读了研究生，每天要面对一百多只大白鼠，完成麻醉、解剖、颈动脉插管、体外循环给药、脱颈处死等一系列专业操作，然后拿个大麻袋，将大白鼠的尸体装起来放在自行车后座，运到动物房火化。整个过程对我来说，就像一场酷刑。刚开始做药理实验的那几天，我每天都吐得天昏地暗。

忽然有一天，导师心血来潮地对我说，猪的基因与人的基因相似度非常高，给你一个任务，想办法取到猪血，做一个猪的血小板凝血模型，研究我们最新合成的"抗凝血多肽"的体外抗凝效果。我听到这个任务时的感受真的无法用语言形容。这里声明一下，我的导师并不是在为难我，她就是这样的性格，忽然有了想法就想让学生去试试能不能实现。可我只跟着师兄、师姐取过鼠血、兔血，我到哪里去取猪血啊？！

事实证明，很多事真的是做多了就习惯了，其中曲折不在这里展开，我们前后一共去了六次杀猪场，总算是把模型完成了。

这两件事让我懂了一个道理：对于自己一开始就生理性讨厌和抗拒的事，不要强迫自己"慢慢适应"，你会麻木的，麻木之后的你就不是你了。后来我发誓，绝不从事任何我不喜欢的工作，不过那种生不如死的麻木生活。我一定要找到我热爱的事，找到让我能终生奋斗、毫无怨言、充满心流体验的工作与事业。这也是我之后几年如一日地坚定寻找自己喜欢的事并将其发展为副业的动力。

前面分享过，从心理学角度来看，人的行动力主要来自四种动机（见图 7-4）。

1.内在—正向的动机：你想要什么、渴望什么、想过怎样的人生、成为什么样的人。

2.外在—正向的动机：你想被外界怎么评价、想获得怎样的认可和成功。

3.内在—反向的动机：你惧怕什么、否定什么、抗拒什么。

4.外在—反向的动机：你在意什么、避免什么。

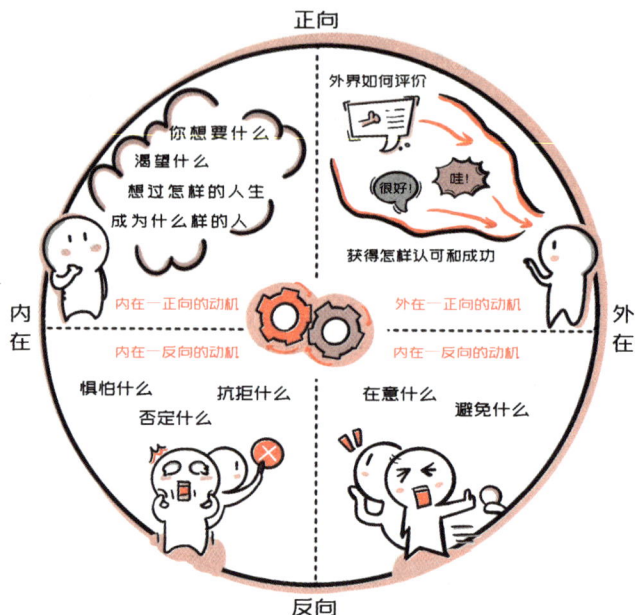

图 7-4 行动力的四种动机

其中，内在—正向的动机是最大、最持久、最具意志力的动机。当时在读研究生的我，完全不知道也从来没思考过自己前两个动机的答案是什么，但是我知道自己的第三个动机是恐惧、否定和抗拒，这个动机促成了我在研究生阶段的一系列行为。我想大多数因焦虑而行动的人都属于此类吧。

随着年龄的增长和社会阅历的丰富，我们会找到并坚定自己的内在—正向动机，它到底应该是什么？又应如何找到？正在读这本书的你又该怎样找到属于自己的内在—正向动机？你有没有深入思考过：你的动机到底是什么？能有多强？

硕博连读一共五年，其实从第二年开始我就特别想退学。日记里写满了"心情郁闷、做实验不开心、我的人生就要这样了吗"等消极字眼。而且，硕博连读制度是，如果你读满五年，那么通过答辩、发表论文后，你可以拿到博士学位，但如果你中间任何一年选择退出，你将什么学位都得不到。于是我退缩了。我没有魄力退学，所以不得不硬着头皮把接下来的三年读完，否则，过去的两年就都浪费了，都是沉没成本，而当时的我真的没有勇气彻底丢掉这些沉没成本从头再来。但继续下去，每天对我来说又都是煎熬。那时的我真的有一种"叫天天不应，叫地地不灵"的感觉，而且我还不能向父母诉苦。毕竟在父母眼里，我可是在读博士啊，而且是全公费的医药学博士啊，多么荣耀！可对我来说，最棘手的问题是，该怎样度过后面的三年。

上文提到过，焦虑记录法可以在一定程度上缓解焦虑。虽然暂时找不到解决方案，但我知道自己一定会想方设法地改变当下的境遇，因为那个内在一反向动机带来的"抗拒、拒绝"的感觉太强了。所以，我继续做焦虑记录，观察自己每一天的思维和情绪。

走上读一个我不喜欢的研究生专业这条路，懵、空的状态已经无法改变，那么如何在有限的条件下改善自己的处境，改变在校期间弱和忙的情况呢？

## ›› 第二节

## 停止痛苦：
### 我决定尝试一种新的"活法"

痛则思变。面对自己因为要拿到博士学位而不得不被"绑架"在不喜欢的专业中读几年的境况，我一直在思考如何才能"两全"：既能让自己拿到学位，又能让自己过得不那么痛苦。在这种"劣势情境"下，我思考和尝试了很多方法来最大化地利用我的时间和精力，最大化地丰富我能学习、体验的东西。

### 用两个原则提升"价值感"

基于前面的痛则思变，我给自己制定了两个原则来提升研究生生活的"价值感"。

原则一，在保证完成学业、顺利拿到学位的情况下，在专业上尽量减少投入的时间与精力。

原则二，在其他一切事情上尽量增加投入的时间与精力。在没有找到自己想要学习或为之奋斗的方向之前，做任何我想做的事，比如运动、学英语、考证、写写画画、读专业外的各种书等。用这种方式小步试错，寻找方向，同时让自己觉得"不再浪费时间，更有掌控感"（见图7-5）。

图7-5　两个原则提升研究生生活的"价值感"

同时，在这两个原则下我相应地改变了自己做事的策略。

在第一个原则下，面对自己不得不做的学业任务时，尽量让自己不是带着抗拒、拖延的心态去做事，而是有意识地从日常学习中总结、优化自己做事的方法和思维方式，包括对做实验的一些流程的优化和提升。我并不喜欢这个专业，但可以在学习这个专业的相关知识的过程中训练自己的思维方式和行为模式，训练"动脑筋想办法""跳出盒子来思考"的能力。同时，做这些优化和深入思考，可以为我"省出时间"做其他"更喜欢的事"。

在第二个原则下，我开始尝试各种可能的"方向"，小步试错，寻找自己的兴趣。比如我研究过一段时间的中医（我爷爷是老中医，耳濡目染了解过一些相关知识，或许我也可以发展中医事业），还去考了执业药师（也许毕业后我可以找个药店从事专业服务工作？总之不想待在实验室），想去考个营养师证书（比如做个人营养师），考英语类证书，读一些心理学的科普读物，健身，等等。总之，当时的我有一些急病乱投医。但是这些尝试让我有很大收获，我发现虽然这些事情不能解决我"毕业后到底做什么才能养活自己"的问题，但是也有个好处——让我开始"行动"。我学了应用心理学后才知道，行动是对抗焦虑的良药。找点事做，不要坐在那里"冥思空想"，就可以缓解焦虑。

这些行动企图解决"弱"的问题，虽然短期内其实并没有真正解决问题，但是不断花时间和精力尝试与思考的过程，确实让我离自己不想要的东西越来越远，离我模糊的理想和梦想越来越近。

此外，"忙"的问题也需要解决。人在任何阶段都是如此，光忙碌没有经济能力仿佛就没有底气，经济基础始终决定你的自信心。所以我决定做点事情赚钱。

梳理了一番后，我发现虽然自己没什么特长，但英语还可以，于是就厚着脸皮找我那些已经本科毕业、在专利局或企业内工作的同学们，问他们能不能给我介绍一点翻译笔译的工作。最后我还真的找到了，开价是50~60元／千字，按中文字数算，都是药品或医疗器械的注册文件，一套文件有5万~6万字，翻译费是三四千元。这份工作其实很辛苦，而且很廉价。但这份工作让当时的我如同旱荒遇甘霖，它既能锻炼翻译能力又能赚钱，还能缓解我的焦虑和无价值感，于是我很认真地做了起来。从博士一年级开始，我几乎可以通过这份笔译工作每3~4个月就有5000元左右的收入。那时导师每个月才给我们发800元，所以我简直成了实验室里的"小富婆"，有空就带师弟、师妹们出去吃饭，那感觉真是棒极了！开始赚钱之后，我认为我的焦虑感显著降低了。"大不了毕业了去做笔译啊"，我在心里经常这么安慰自己。如我上文中提到的，我感觉自己有了"保底"的职业技能。

所以，我强烈建议你在本科或研究生阶段做点能赚钱的事情，任何事都行，做翻译，或者做点互联网领域的副业，在线教育副业，参与学习社群，等等，什么都可以。如果你是男生，可以体验一次你从来没体验过的工作，做个肯动脑筋的临时工作者，体验 2 个月，你说不定会有不一样的收获。总之，尝试任何可能的事情，打开思路去找点方法赚钱，并在这个过程中积极思考，解决自身的一两个现实问题。

研究生们的焦虑也有很多来自"高不成低不就"的心态，如果你能打破这个束缚，多尝试看似不是机会的机会，人生说不定会大不一样。

直到毕业，我都在坚持使用"焦虑记录法 + 专业内的事情尽量优化流程减少精力投入 + 专业外小步试错寻找兴趣 + 兼职翻译赚钱"这四个操作。

这种坚持让我的焦虑及时得到缓解，因为有了一点钱，我的内心也有了一丝安全感。所以博士后期的那两年多还算愉快，虽然一直没有找到我特别喜欢、想奋斗终生且能给我带来价值的兴趣方向，但是我觉得自己没有"白白浪费时间"，而且顺利通过答辩拿到了博士学位，并训练了博士生的科研思维，有了让自己欣慰的收获。

经过不断地自我调节并尝试研究生的"新活法儿"，我平稳度过了上学期间的焦虑期，还充分利用时间找到了自己的一些"价值感"。

## ›› 第三节
# 自我怀疑和碾碎重来：
## 如何把握机会切入职场

每个人发展到任何阶段都不是一蹴而就的，大家看到的今天的我所呈现的样子，与过往长久的、方向正确的积累是分不开的。找到正确的方向、使用正确的方法、持续不断地成长，才是关键。学习敏锐度让我可以适应任何环境、学到任何东西、成为任何我想成为的人。让我解决问题的能力越来越强，感觉自己在人生道路上所向披靡。如果人脑是个电脑，这套能力就能让我不断地给自己装上新代码，不断地迭代进化，成为新的"智能人"。

## 破除自我否定、找到策略

临近毕业时"焦虑感"又卷土重来：找工作迫在眉睫，很可能"毕业即失业"。该用什么策略找工作呢？该找什么样的工作？找工作的过程中有哪些"陷阱"要避免，又有哪些经验可以借鉴？

因为我不喜欢自己的本专业，所以并不打算找与药学相关的工作。当时临近毕业，除了准备答辩，我一直在思考以下几个问题。

1. 我只知道自己不喜欢现在的专业，那我到底喜欢什么？

2. 我未来应该从事什么样的工作？

3. 我有什么特长？

4. 我能适应什么环境？

5. 我可能拥有哪些天赋？

6. 我可能能快速学会哪些技能？

很遗憾，当时的我对这些问题都没有清晰、坚定的答案。

但我明确知道要找一份自己有热情去做的工作，不想做科研，所以婉拒了导师的留校邀请。

我当时的做法是：先找段时间安静地坐下来，梳理自己的"能力"及可能从事"工种"。

1. 在本专业领域内与科研相关的企业中做药品研发。

2. 运用英语翻译能力（笔译），先去做兼职翻译。

3. 考公务员去药监局，从事几十年如一日的文案工作，虽然稳定但工资不高。

4. 去国家药检所、药物所等机构，日常工作好像和在学校时差不多，主要是做实验、做科研。

5. 像我的师兄、师姐们一样出国留学，但要继续做科研吗？

思来想去我也没有好的解决方案。我知道很多研究生都有类似的困惑。所以我当时那些打开思路的做法对你来说可能同样有用。

第一，先尽快拿个录用通知书（offer）给自己安全感。我去人才市场投递简历，然后有了面试机会就把握住，先拿了一个与药学研发相关的offer（拿这个offer比较简单，毕竟我是本专业博士，成绩也不差）。后来我虽然自己没去，但推荐了我的一个博士同学去了，他也很优秀，而且很专业，所以用人单位很满意。当年我是小白，那个年代的简历也和论文一样，长篇累牍，但是我在简历的封面上写了这样一段话。

用数字让你了解我：

药物化学硕博连读期间，一直勤奋努力，参与了×× 个项目，独立领导了×× 个项目，做了×× 个试验，还做了×× 万字的英语笔译，等等。

在封面一目了然地把自己的"经验"和"胜任力"体现出来。

现在当然不能用这种简历展示方法了，网上也有很多漂亮的简历模板。但是，怎样突出你自己的优势，怎样根据用人单位的需求调整、优化简历，这些都是你需要思考和行动的。我在第二章第三节中与大家介绍过如何梳理个人才能，其中的思路也可以用于简历准备。

第二，寻找其他一切可能感兴趣的岗位。各种药企的招聘信息，从国企到外企，从医学岗位到销售岗位，我一个都没放过，只要是相关行业的岗位我几乎都投了简历，目的是获得尽可能多的面试机会。即使我不了解对方这个岗位的具体要求，也想通过面试的过程更多地了解行业和企业的状况。毕竟，知道面试时聊什么、怎么聊，也能给自己增长经验和加分。当然，我也栽了不少跟头。

之后这些年我开始给别人做生涯规划咨询，我的这套"面试突破"模式也愈发成熟。由此总结的经验也在上文中与大家详细分享过。

第三，特别关注大型企业尤其是 500 强企业的校招。为什么关注校招呢？因为只有校招才是真正面向学生进行的招聘，他们知道你是新人，招你就是想要培养你。所以你要充分利用企业的这种期望值和心态，没有经验没关系，多展现自己的学习能力和潜力就好（见图 7-6）。

图 7-6　三个方法解决临毕业期的困惑

## 找到自己想要的再实践策略

我参加了好几个校招，但是直到最后一个校招中，我才有了机会。为什么呢？因为在前面几个校招中我都表现得缩手缩脚，错过了机会。虽然在校期间很活跃，参加了各种活动，也有各种小的实习经历，但是我一直对自己缺乏信心，也不敢表现自己。所以在前面几个校招中，我都是只会听和看的小透明，在校招现场投的简历也石沉大海。我该怎么抓住机会突出自己呢？

这里介绍一个可供实践的方法，那就是"现场问问题"。不要小看这个操作，它的好处很多（见图 7-7）。

第一，促进思考。当众提问总不能问个太简单的问题，所以你会提前认真思考。

第二，有机会展现自己。提问之前你可以做一个简短的自我介绍，这是个让用人单位关注和认识你的好机会，可以让对方加深对你的印象。

第三，对方对问题的解答很可能会拓宽你的思路。不管你问什么问题，公司招聘人员的经验都能让其把你的问题上升到一定高度，或者泛化地回

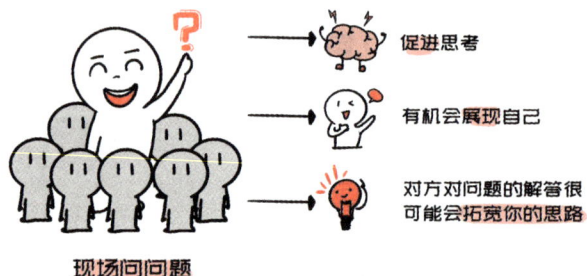

图 7-7　现场提问的三个好处

答，因为 HR 要面对全场的求职者，所以解读、升华你的问题也是在展示企业的实力。这样的回答通常会给你很大启发。

那当年的我参加了哪些校招，又问了什么问题呢？我参加了某公司在北大针对研究生，尤其是针对 MBA 专业的校招。其实这场校招和我的专业一点关系都没有，现在回想起来，我一个药学专业的博士去招聘高级管理人才的地方找工作，我也挺佩服自己当年的勇气的。该公司的人事总监在场上讲各种岗位需求与公司战略时，我越听越自卑，环顾四周，都是闪闪发光的管理型人才，我却一无所长。

但是这已经是我参加的第四场校招，再不把握机会肯定会后悔。于是我强压着心跳，还是举手站了起来。我说我是一名药学专业的博士，今天很荣幸能参加贵公司针对 MBA 专业的专场招聘，单从您刚才的分享中也学到了很多，对强生更添好感。我有个小问题想请教您：像我这种多年科研博士出身的人，如果想去贵公司这样的世界 500 强企业发展，可能有什么样的岗位机会呢？假如有意向去销售岗或管理岗，贵公司会培养吗？

那个总监人很好，她说，你是博士啊，那是高端人才了，做销售有点可惜，我们近期主要是招聘销售岗和管理岗的员工，应该不会专门针对医学岗和研发岗进行招聘了，而且本公司的纯研发岗也多在国外，不过产品上市后本公司的医学部倒是有国内的机会，如果你感兴趣可以在会后投递简历。

我非常紧张地听完了回答，坐下来之后情绪久久不能平复。我就记得一个关键点，会后可以把简历递过去。于是会议结束后，我就盯着讲话那个总监，把我的简历单独递给了她。

后面的故事你们也许猜到了，我获得了医学部的面试机会，然后经过三轮面试，顺利拿到了 offer。HR 给了我两个选择：在医学部做药品注册，或者做临床监察，两个岗位的工作待遇与其他本科或研究生毕业的人差不多，因为毕竟我读博期间所学习的内容并不能用在这其中任何一份工作上，所以对此我依然选择接受。

我最后选择做产品上市后的临床监查员，因为想去体验在企业里做医学项目的感觉。我当时的想法是以后也许我可以去做一个项目经理，而不是在注册部天天对着文献查阅和整理资料。我相信凭自己优秀的学习能力，能迅速增长临床专业知识，并胜任这份工作。

就这样，我成为这家公司的一员，并且一做就是 7 年。7 年中我在医学部 5 年，市场销售部 2 年。在医学部的 5 年里我换了 4 个不同的岗位，有一次转岗，两次晋升。后来转到市场部，终于感觉自己找到了一部分热爱所在。同时，我不断地反思自己的人生追求，反思自己的"幸福点"来自哪些"成就感"，用各种各样的记录、打分、体验、复盘的方法，帮助自己找人生的"身份"，提升自己的幸福敏锐度。

图 7-8 的人生六大价值模块是我多年后才意识到要让自己去量化思考的部分，而我真心希望读过这本书的你能从今天开始，从你刚出校门、初

入职场时就开始，思考在这六个模块中，你到底想要什么、具体应该怎样做。这是一个通过寻找对价值模块的追求进而找到具体行动方案的工具，具体用法会在下一节中与大家详细介绍。

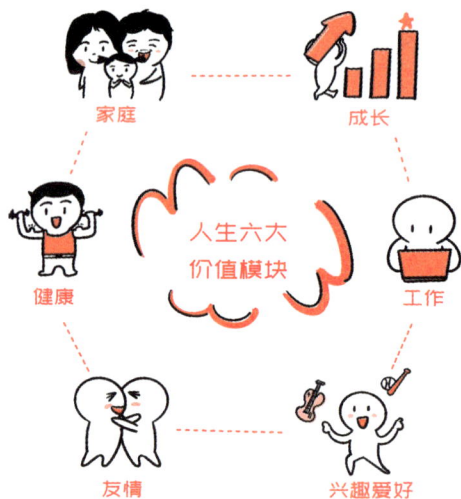

图 7-8　人生六大价值模块

不管怎样，我一路都在学习的道路上抛弃旧我、持续进化。现在回头去看，我真的可以欣慰地说，就是这种持续学习的能力、持续在有限条件下挖掘无限可能的能力，成就了今天的我。

## ▶▶ 第四节

## 幸福敏锐度：
### 人生的价值承诺策略

很多时候，内心有追求，你才能真正地提纲挈领，不陷入混沌状态。

幸福敏锐度是学习敏锐度中极为重要的指标，放在最后一章讲，是因为它最难也最深刻。拥有较高幸福敏锐度的人通常拥有清晰的人生愿景、明确的身份追求和个人主见，并且不受环境变化所限，能运用这些能力让自己的人生一直处于稳步上升状态。

## 用价值追求给自己的人生提纲挈领

大家可能都知道"降维打击"这个词。简单来说，从高理解层次向低理解层次看问题，就是在"降维打击"。因为看问题的层次不同，所以产生的解决问题的方法也完全不一样。如果你用低维度的视角去看某个问题，可能会感觉问题几乎无法解决，或者解决起来要消耗大量精力。但当你站在更高的维度去看时，可能会觉得它不过是小菜一碟，甚至连问题都算不上。也就是说，高理解层次会让人站在完全不一样的视角看问题，产生完全不一样的解决策略。

　　一个人无法拥有高级思维的原因是什么？通常是因为其存在某种给自我设限的思维木马。如果把人脑比喻成电脑，那么思维木马就是在你进行某种思考（就像电脑运行某种程序）的过程中干扰你（干扰电脑程序运转）的病毒，它让你无法正确地深入思考。这个木马可能是对环境和条件的认知、对自我的认知、对他人的认知、对价值体现（赚钱）的认知等。而NLP是"Neuro Linguistic Programming"的缩写，中文翻译为"神经语言程序学"，NLP的思维层次就是在打破自我设限的思维木马之后形成的高级思维。比如，大家看看自己是不是也会有如下想法。

　　1.你会抱怨身边的人没有给你支持吗？比如，老板不行，太死板；老公不行，不上进；团队不行，执行力差；公司付不起高工资，找不来好员工……

　　2.你打算让自己再忙碌一些，给自己安排更多事情，使用各种工具让自己更周全地把所有事都处理完吗？

　　3.你打算学习一些关于管理、技能的提升课程，让自己的统筹能力更强，处理多项任务时更有效率、精力更充沛吗？

　　4.你会静下心来思考，自己到底相信什么，想要什么吗？

　　5.你会忽然觉得应该沉静几天，让自己思考人生的意义吗？

　　6.可能你已经完全超脱了世俗关于成败的定义，已经有了更深入、更笃定的人生追求。

　　实际上，以上的6种想法，代表了6种NLP的思维层次。NLP由理查德·班德勒（Richard Baridler）和约翰·格林德（John Grinder）在1976年创办，许多名人都接受过NLP培训，比如微软创始人比尔·盖茨、大导演斯皮尔博格等。有些世界500强企业也会对员工进行NLP培训。理解层次是 NLP 的核心概念之一，代表你对在这个世界上每一件与我们有关系的事件所赋予的意义。由于每个人对事件赋予的意义不同，因此我们的理解也会不一样，思考问题时的角度、广度、深度都不一样，解决问题的办法当然也会不同。

每个人的人生中都会遇到许多事情，我们不断处理事情，也容易因为忙于应付而变得被动和迷惘，渐渐忘记思考什么才是重要的，分不清哪些事情是短暂、微不足道的，哪些是对人生有深远影响的。如果我们能够把大部分时间和精力放在对自己真正有深远意义的事情上并持续积累，就能真正获得自己想要的价值感。

"NLP 理解层次"可以分成 6 个不同的层次，再细分为低 3 层和高 3 层（见图 7-9）。

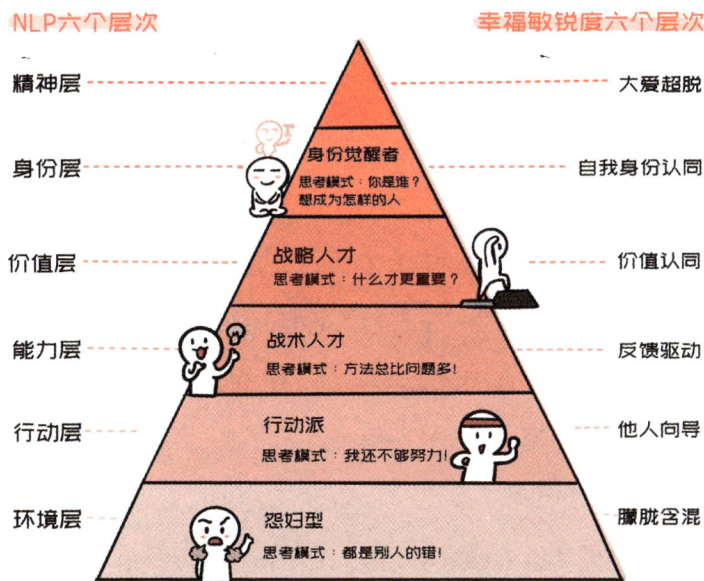

图 7-9 六种 NLP 理解层次

6个层次从下往上依次是：环境层、行动层、能力层、信念层、身份层、精神层，分别对应幸福敏锐度的朦胧含混、他人导向、反馈驱动、价值认同、自我身份认同、大爱超脱这6个层次。6个层次中的人分别对应6种做法。

使用第1种做法的人被称为怨妇型，所处的理解层次为环境层（除自己以外的一切都是环境）。典型思考模式为：都是别人的错！而他们在寻找解决办法时，也会从改变环境的角度进行思考。所以通常只会怨天尤人，大家一定都不愿意做这样的人。

使用第2种做法的人被称为行动派，所处的理解层次为行动层。典型思考模式为：我还不够努力！当问题发生时，处于这个理解层次的人首先会把问题的产生原因归结为"我还不够努力"。所以他们会持续不断地努力。他们虽然很努力，但是经常忽略具有方向性的关键问题。并不是只要努力就能解决所有问题，也不是越努力的人，获得的成就越大。

使用第3种做法的人被称为战术人才，所处的理解层次为能力层。典型思考模式为：方法总比问题多！比如，在职场上人们对能力的普通认识通常是能用更简单、更有效的方式解决同样的问题，有选择便是有能力。如果你能既有"行为层"的勤奋和努力，又有"能力层"的方法和套路，一般就能成为公司的中高层了。普通的问题已经难不倒你，你总能找到办法解决它们。那么，什么状况是你有"能力"也应对不了的呢？就是你选择错了问题。也就是说，你在着手解决问题之前，要先弄清楚，你要解决的问题到底是什么？

使用第4种做法的人被称为战略人才，所处的理解层次为价值层（信念／价值观／原则）。典型思考模式为：什么才更重要？如果说"能力层"

是做解答题的能力，那么"价值层"就是做选择题的能力，处于价值层的人，懂得什么可以做，什么不可以做；什么更重要，什么可以忽略。

信念是指你相信什么是对的，价值观是指你认为哪个更重要，原则是指知行合一的为人处世的准则。"能力层"是让你把事情做对，而"价值层"则是帮你选择做对的事情。

使用第 5 种做法的人被称为身份觉醒者，所处的理解层次为身份层。典型思考模式为：因为我是……所以我会……处于这一层次的人会思考"你是谁？你想成为一个怎么样的人"这一终极哲学问题。

身份层之所以处于那么高的位置，是因为处于不同的身份层次，就意味着拥有不同的信念和价值，就决定了你当下的每次选择，决定了你未来的人生方向。你之所以有时会不知道该如何选择，除了是因为不清楚某些概念之外，最重要的是因为你不知道自己想成为一个怎样的人。如果你不知道你想成为谁，就会不知道自己要什么；你不知道自己想要什么，也无法做出选择，你就什么也得不到。这就是幸福敏锐度的高明之处，明确了解自己的追求，你才会有真正的幸福。大家可以反思自己的行为模式，看自己处于哪一层。至于第 6 种层次，那属于超脱的精神领袖级别，达到那种层次需要特别的机缘，普通人可遇不可求，不具有普适性，在此我们就不做赘述了。但是身为普罗大众的我们，大部分是可以修炼至前 5 个层次的。

现实中绝大多数人都处于能力层或价值层，如前文所说，处于能力层就意味着已经可以解决现实中的很多问题，已经可以在职场中如鱼得水。而从 NLP 的理解层次这一角度来说，如果你对自己的身份和信念有了笃定的认知，清楚自己的取舍，那你面对事情时的解决方法就会与处于环境层、行为层和能力层时大不一样。追求的层次越高，就越知道自己想要什么，也就越幸福。有了幸福敏锐度的能力作为基础，你的人生会变得更加从容。那么，到底怎么做才能将价值追求与行为联系起来呢？

# 价值承诺行为策略

通常，人们在进行一系列选择的过程中，会慢慢清楚自己的价值追求，然后再用这个价值追求指导下一阶段的行动，这就形成了自己的行为模式。这个过程与心理学领域的价值承诺行为（ACT）策略吻合，这个概念源于心理学领域的接纳与承诺疗法，是心理学中新一代的认知行为疗法。通过正念、接纳、认知解离、以自我为背景、明确价值和承诺行动等过程，帮助自己改善行动，投入有价值、充实、有意义的人生。ACT 三个字母各自的含义如下。

A= 接纳你的想法和感受并且活在当下（Accept your thoughts and feelings, and be present.）

C= 选择价值方向（Choose a valued direction.）

T= 采取行动（Take action.）

可以用一句话来理解 ACT：在价值观的指导下接纳当下，并采取具有建设性的行为。其核心是行为疗法，有如下两大特点。

第一，ACT 中所有的行为都以价值为导向。比如，在生活中你追求什么？赞成什么？在内心深处你觉得真正重要的是什么？你可以用场景引导自己思考远期目标，比如五年后，你想在自己的生日宴会上，听到别人怎样评价你？或者思考极端一点的场景，假如人生到了终点，在你的葬礼上，你想让别人记住你的什么？总之，ACT 让你在更长远、更宏大的蓝图下，冷静地思考对你而言真正重要的事情：你内心深处渴望成为一个怎样的人，以及活在这世界上的时间中你想去做什么？

以我为例，我希望成为一个终身成长、有影响力的人，持续用我的思考和行动带动更多的人学习和终身成长，在这个过程中我也会收获成长和快乐。

第二，利用这些价值来引导、促进和激励自己，使自己在行为方面有所转变，并且 ACT 中所有的行动都是"积极"的行动，这些行动包括：

1. 全然地察觉。

2. 有意识地采取行动。

3. 以开放的姿态接纳所有体验。

4. 全身心地投入到你正在做的每一件事中。

比如我在自己的影响力价值观的指导下，愿意花时间和精力在各平台分享，持续为之付出。

如果大家对 ACT 感兴趣，可以去阅读斯蒂芬·海斯（Steven Hayes）的著作《接纳承诺疗法（ACT）：正念改变之道》。在简化操作后，ACT 可以分成以下三个部分。

第一个部分是正念与接纳过程：无条件接纳，重塑认知，关注当下，观察自我，减少主观控制，减少主观评判，削弱语言统治，减少经验性逃避，更多地生活在当下。

第二个部分是选择价值观的过程：使行为更具有长远性和指导性。

第三个部分是承诺与行为改变过程：明确价值观之后，利用承诺行为来帮助自己调动和汇聚能量，不断朝目标迈进，过上自己想要的、有价值的、有意义的生活。

很多人在人生、职场发展和学习成长过程中的一个困惑就是自己做的事情似乎总"不是自己想要的",觉得疲于应付却又无法摆脱,总陷入一种"拧巴"的状态。了解了 NLP 理解层次和 ACT 策略,我们就可以重新思考怎样从价值追求和目标意义感入手,找到指引,以最符合自己真正期望的方式分配精力,真正做到知行合一,在正确的方向上持续积累复利。

我总结了一个简化工具来帮助你梳理你的人生身份和价值追求,这一工具叫作人生价值模块排序和价值承诺解锁表,可以帮助你将对自己做出的价值承诺,最终落实到行动上。

如果能坚持寻找人生价值追求,在每个追求下设定目标,并将每日行为与价值追求建立连接,你的人生追求和路径就会越来越清晰,满足感和幸福度也会越来越高。